Walter Feigl, Ulrike Helmer, Gabriele Jans, Eva Neuhäusler, Nicole Reichle, Anne Wildermuth

Herausgeber: Walter Feigl, Birgit Werner

navi

Mathematik 8

1. Auflage

Bestellnummer 90408

Bildungsverlag EINS

Haben Sie Anregungen oder Kritikpunkte zu diesem Produkt?
Dann senden Sie uns eine E-Mail an 90408_001@bv-1.de
Autoren und Verlag freuen sich auf Ihre Rückmeldung.

Fotos:
Feigl, Walter/Bildungsverlag EINS GmbH, Köln: S. 6 (außer o. r., u. 2. v. l.), 8 (außer M.), 9/o., 9/u., 10/o., 14, 18/r., 19/r., 40/u. r., 41/o. l., 41/o. r., 42/o. l., 42/u. r., 43/l., 44/l., 45, 46 (außer o. r.), 52/M., 53/u. l., 61, 62, 63, 64/o., 65, 67, 70, 80/u., 83, 85 (außer M.), 89 (außer o. r.), 90/u., 92, 93, 94, 95/u., 97, 99, 100/o., 101, 103, 106, 107/o. l., 108, 111, 112/o.; © Fotolia.com, Berlin: S. 7/o. l. (Ray), 7/o. r. (m.arc), 7/u. l. (Matty Symons), 7/u.r. (ievavincer2), 9/M. (nito), 10, 11, 12/o. l. (Katarzyna Krawiec), 12/o. M. (WK), 12/o. r. (m.arc), 12/M. l. (frankoppermann), 12/M. M. (AKhodi), 12/M. r. (Carmen Steiner), 12/u. l. (Matthew Cole), 12/u. r. (Yantra), 13 (Eray Haciosmanoglu), 15/u. l. (Jürgen Fälchle), 15/o. l. (BVDC), 26/u. r. (wibaimages), 39/o. r. (WoGi), 39/u. r. (VRD), 47/r. (Beatrice Kesseler), 48 (Michael Schindler), 49/o. l. (Igor Dutina), 49/o. r. (Yuri Arcurs), 49/u. l. (fotoart), 49/u. r. (Liv Friis-larsen), 52/u. l. (William Berry), 52/u. M. (matka_Wariatka), 52/u. r. (LianeM), 59/o. (Celeste-RF), 84/o. r. (FX Berlin), 85/M. (BEAUTYofLIFE), 86/M. (Renee Jansoa), 86/r. (jeecis), 95/M. (Eray), 109/o. (Klaus-Peter Adler), 109/u. l. (Benicce), 109/u. r. (Gina Sanders), 112/u. (hazel proudlove); Helmer, Ulrike/Bildungsverlag EINS GmbH, Köln: S. 6/o. r., u. 2. v. l., 8/M., 10/u., 16, 18/l., 19/l., 21/u., 23, 39/u. l., 40/u. l., 40/u. M., 41, 42/o. r., 42/u. l., 43/r., 44/r., 46/o. r., 51, 52/o. l., 52/o. r., 53/u. r., 59/u., 60, 74, 78/o. l., 78/o. r., 84 (außer o. r.), 86/o., 87, 88, 100/u., 107/M., 107/u., 114/o., 114/u., 115/o.; MEV Verlag GmbH, Augsburg: Umschlagfoto, S. 50, 86/l.; Neuhäusler, Eva/Bildungsverlag EINS GmbH, Köln: S. 64/u., picture-alliance/dpa, Frankfurt a. M.: S. 39/o. l., 47/l., 89/o. r., 90/o. l., 95/o., 96; Reichle, Nicole/Jans, Gabriele/Bildungsverlag EINS GmbH, Köln: S. 15/o. r., 15/u. r., 20, 21/o., 53/o. l., 53/o. r., 54, 55, 56, 57, 71/o. l., 71, 73, 75, 76, 78/M., 78/u., 79, 80 (außer u.); Wildermuth, Anne/Bildungsverlag EINS GmbH, Köln: S. 26 (außer u. r.), 27, 28, 30, 31, 32, 33, 34, 35, 36, 37, 38, 113, 114/M., 115/u., 116, 119; © VG Bild-Kunst, Bonn 2011: S. 104

Grafiken:
Kranenberg, Hendrik, Drolshagen

www.bildungsverlag1.de

Bildungsverlag EINS GmbH
Hansestraße 115, 51149 Köln

ISBN 978-3-427-**90408**-3

Inhaltsverzeichnis

Inhaltsverzeichnis

Vorwort

Schön, dass ihr wieder mit uns Mathematik lernen werdet. Auch in diesem Buch wartet viel Interessantes auf euch. So werden wir mit Riesenzahlen rechnen, wenn wir zum Beispiel herausfinden, wie oft unser Herz schon geschlagen hat. Ihr werdet staunen! Für das Schülercafé werden wir Frucht-Cocktails nach Rezepten herstellen. Habt ihr auch ein Schülercafé an eurer Schule? Wenn nicht, könnt ihr ja eines gründen. Wir werden auch eine Schuldisco vorbereiten und dafür Snacks und Getränke besorgen. Wir werden Umfragen durchführen, zum Beispiel zu Lieblingsfarben oder zur Berufswahl. Diese Umfragen werten wir aus und stellen die Ergebnisse in Prozent dar.
An unserer Schule gibt es an vier Tagen ein Mittagessen. Bei der Vorbereitung und beim Kochen helfen Schüler mit. So lesen wir zum Beispiel Rezepte, rechnen die Zutaten auf die Anzahl der Essensportionen hoch, schreiben Einkaufslisten, kaufen die Zutaten ein und helfen natürlich beim Kochen.
Bei alldem werden wir natürlich auch viel rechnen. Wie wir möglichst geschickt mit verschiedenen Strategien rechnen können, werden wir im Kapitel „Sicher rechnen“ üben.
Natürlich gibt es auch wieder Denk*male*-Seiten mit Aufgaben zum Nachdenken, Knobeln, Probieren, Messen und Rechnen. Wir sind schon gespannt, wie viele ihr davon lösen könnt.
Wir wünschen euch viel Spaß!

1 Mein Leben in Zahlen

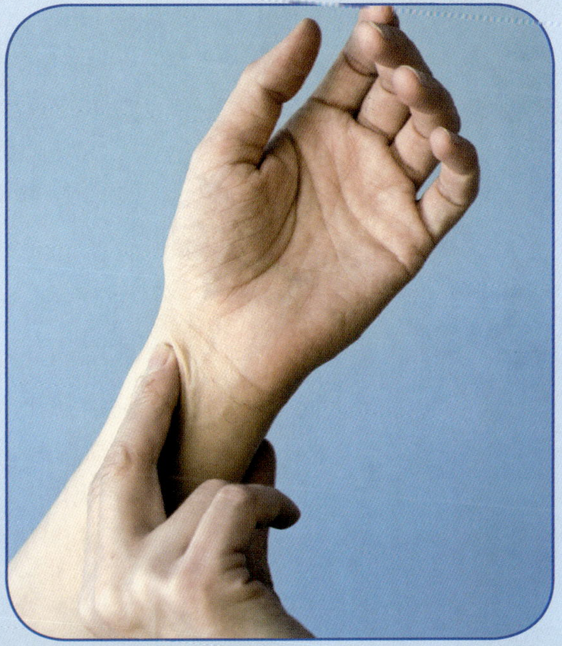

5 000 Tage

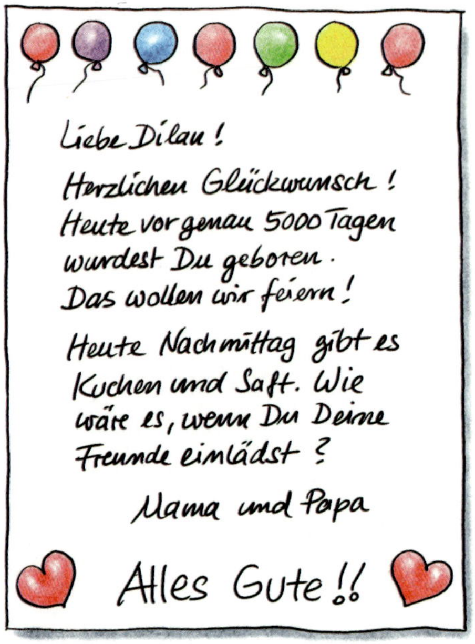

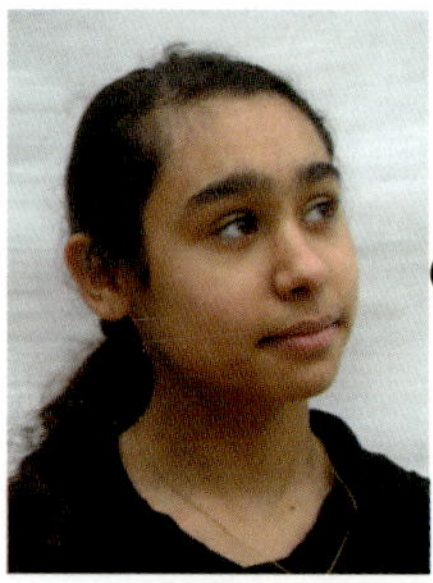

1. Wie viele Tage seid ihr heute alt? Rechnet.
2. An welchem Tag seid ihr genau 5 000 Tage auf der Welt/werdet ihr genau 5 000 Tage auf der Welt sein?
3. Wie viele Tage seid ihr an eurem 18. Geburtstag alt?
4. Die durchschnittliche Lebenserwartung für Männer in Deutschland beträgt etwa 76 Jahre, Frauen werden im Durchschnitt etwa 82 Jahre alt. Wie viele Tage wären das für euch?
5. Wie viele Tage ist euer Lehrer/eure Lehrerin alt? Schätzt zuerst.
6. Wie viele Jahre ist Dilan alt? Wann genau ist sie geboren?

Herzschlag

Fühlt gegenseitig euren Puls. Am besten könnt ihr ihn am Handgelenk fühlen.

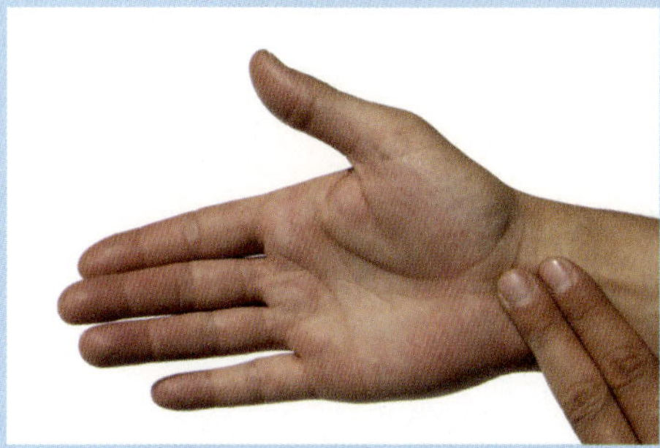

1. Wie oft schlägt euer Herz pro Minute
   a) …, wenn ihr ruhig sitzt (Ruhepuls)?
   b) …, nachdem ihr 3 Minuten gelaufen seid?
2. Geht von eurem **Ruhepuls** aus.
   a) Wie oft schlägt euer Herz mindestens am Tag? Wie oft schlägt es dann im Jahr?
   b) Wie viele Herzschläge waren das etwa in eurem bisherigen Leben?
3. Findet weitere Fragen. Stellt sie euren Mitschülern und Mitschülerinnen.
4. Übertragt die Stellentafel in euer Heft. Tragt eure Ergebnisse ein. Schreibt die Zahlen als Wort und lest die Zahlen laut.

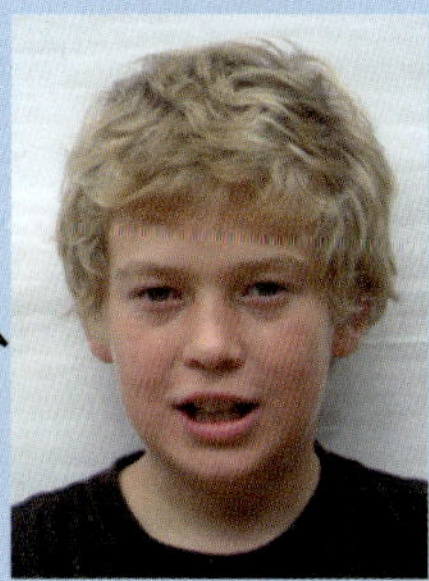

„Zwei Milliarden dreihundertachtundneunzig Millionen dreihundertsiebenundsiebzigtausendsechshundert"

Mrd	HMio	ZMio	Mio	HT	ZT	T	H	Z	E
2	3	9	8	3	7	7	6	0	0

Milliarden — Millionen — Tausend

Atmung

Wir machen 1 Minute lang für jeden Atemzug einen Strich.

1. Messt eure **Ruheatmung** (so, wie ihr auch euren Ruhepuls gemessen habt).
2. Zählt eure Atemzüge, nachdem ihr 3 Minuten gelaufen seid.

Wie oft habe ich im Leben bisher mindestens geatmet?

Wie oft atme ich am Tag?

Wie lange komme ich ohne das Atmen aus?

3. Findet eigene Fragen zur Atmung und beantwortet sie gegenseitig.
   Tipp: Wenn ihr schlaft oder ganz ruhig und entspannt seid, atmet ihr bei jedem Atemzug etwa $\frac{1}{2}$ Liter Luft ein.
4. Wie viel Luft benötigt ihr mindestens am Tag?
5. Wie viel Luft habt ihr in eurem Leben bereits ungefähr eingeatmet?

Schläfst du genügend?

Kinder brauchen mehr Schlaf als Erwachsene, das ist allgemein bekannt. Wussten Sie jedoch, dass ein 9-jähriges Kind ungefähr die Hälfte seines Lebens geschlafen hat? Unglaublich, aber wahr: Wir schlafen bis zu 30 Jahre unseres Lebens, und dennoch schlafen die meisten Menschen zu wenig …

1. Findet heraus, wie viel Zeit ihr in eurem Leben bisher ungefähr geschlafen habt. Die Tabelle sagt euch, wie lange ein Mensch im Durchschnitt schlafen sollte.

Alter	durchschnittliches Schlafbedürfnis pro Tag
≤ 1 Monat	bis zu 18 Stunden
2–12 Monate	etwa 16 Stunden
1–3 Jahre	etwa 14 Stunden
4–5 Jahre	etwa 12 Stunden
6–12 Jahre	etwa 10 Stunden
13–19 Jahre	etwa 9 Stunden
20–30 Jahre	etwa 8 Stunden
31–45 Jahre	etwa 7 Stunden
> 45 Jahre	etwa 6 Stunden

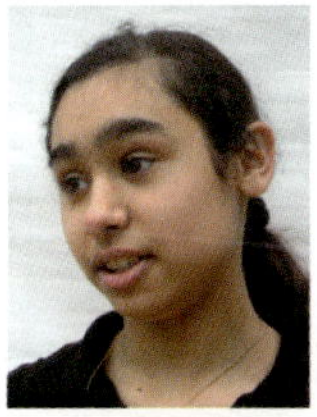

Die angegebenen Zeitspannen sind aber doch ganz unterschiedlich.

Am besten rechnen wir zuerst alles in Tage um. Die Lebensdauer und die Schlafzeiten. Dann können wir vergleichen.

Alter	Lebenstage	Schlaftage
≤ 1 Monat	30 Tage	540h ≈ 22Tage
2–12 Monate	7 · 30 = 210 Tage	3360h = 140 Tage
1–3 Jahre	2 · 365 = 730 Tage	

2. Schätzt, wie viel Zeit eure Eltern bisher ungefähr geschlafen haben. Rechnet nach.

1 Mein Leben in Zahlen

Hättest du das gedacht?

Ein Haar wächst pro Woche etwa 3 mm.

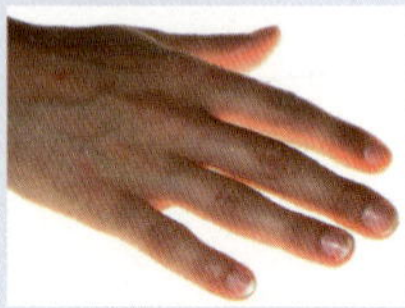

Ein Fingernagel braucht für 3 mm etwa 3 Wochen.

Die Deutschen geben im Leben durchschnittlich etwa 1 Million Euro aus.

Wir gehen durchschnittlich etwa 317 km im Jahr zu Fuß.

Würdest du alle Blutgefäße deines Körpers aneinanderreihen, hätten diese eine Länge von ungefähr 96 000 km.

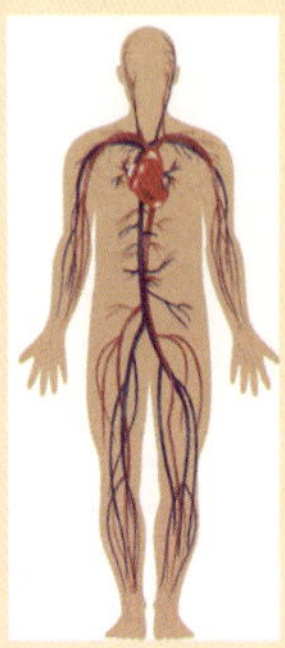

Wir blinzeln im Durchschnitt alle 4 Sekunden.

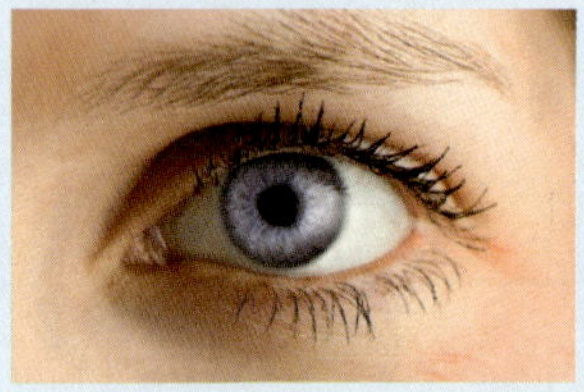

Die Deutschen essen im Jahr etwa 85 kg Fleisch. Männer essen dabei etwa doppelt so viel Fleisch wie Frauen. Im ganzen Leben essen wir durchschnittlich 3,2 Kühe, 5,1 Schafe oder Ziegen und 45,5 Schweine.

Die Deutschen verbrauchen durchschnittlich 226,1 kg Papier pro Jahr. Ein gewöhnliches DIN-A4-Blatt ist 21 cm breit und 29,7 cm lang. Es wiegt 5 g.

Was wäre wenn …?

Wie lang könnten meine Haare sein, wenn ich sie noch nie im Leben geschnitten hätte?
Wie lang wären dann meine Fingernägel?

von Dilan

Wenn man das gesamte Papier, das die Deutschen durchschnittlich im Jahr verbrauchen, in einzelnen DIN-A4-Blättern hätte, wie viele Blätter wären das?

von Tim

Geht man in seinem Leben einmal um die Erde?

von Fabio

Wenn ich alle Lidschläge, die ich normalerweise in einer Stunde mache, so schnell wie möglich hintereinander machen würde, wie lange würde das dauern?

von Sarah

Wie oft blinzelt man am Tag?

von Lisa

1. Sammelt eigene Fragen.
2. Teilt euch in Gruppen auf und sucht euch eine der Fragen aus. Beantwortet sie, indem ihr gemeinsam nach Lösungswegen sucht.
3. Schreibt oder zeichnet eure Lösungswege auf und präsentiert sie euren Mitschülern.

Steckbrief

1. Gestaltet Steckbriefe über euch und euer Leben in Zahlen. Erstellt Zeichnungen zu euren Lösungen.

2 Getränkeverkauf im Schülercafé

Getränkeangebot im Schülercafé

Sarah erzählt Lisa vom Schülercafé einer anderen Schule.

Sollen wir bei uns auch Getränke verkaufen?

Das finde ich eine gute Idee. Dann müssen wir aber an einiges denken.

1. Was müsst ihr bedenken, wenn ihr Getränke verkaufen wollt? Besprecht euch.

Getränke

Lisa besorgt im Supermarkt verschiedene Getränke.

1. Schaut euch die unterschiedlichen Getränke an.
   a) Notiert die Volumina der Verpackungen.
   b) Sortiert die Getränke dem Volumen nach.
   c) Welche Packungen haben das gleiche Volumen?
2. Sammelt selbst Getränke und sortiert sie nach ihrem Volumen.

Frucht-Cocktails zubereiten

Die Schülerinnen und Schüler wollen im Schülercafé neben Orangenlimo, Apfelsaft, Apfelsaftschorle und Mineralwasser auch Frucht-Cocktails anbieten.

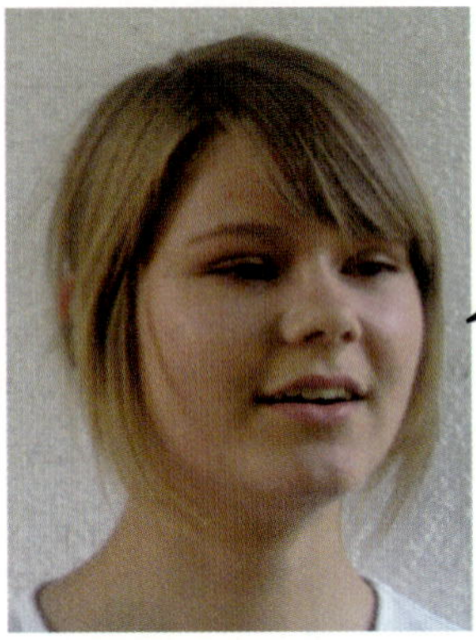

Die Frucht-Cocktails sollten schnell herzustellen sein.

Sie müssen aber auch schmecken.

Für folgende Frucht-Cocktails haben sie sich entschieden:

Alkoholfreier Frucht-Caipirinha

Zutaten pro Glas:
$\frac{1}{2}$ Limette, klein geschnitten
1 Teelöffel Rohrzucker
3 Esslöffel Crushed Ice
250 ml Ginger Ale

Zubereitung:
Klein geschnittene Limette mit dem Zucker in ein Glas geben und mit einem Holzstößel zerdrücken. Crushed Ice dazugeben und mit Ginger Ale aufgießen.

Alkoholfreier Beach-Frucht-Cocktail

Zutaten pro Glas:
90 ml Ananassaft
60 ml Pfirsichsaft
30 ml Cranberrysaft
3 Esslöffel Crushed Ice

Zubereitung:
Crushed Ice in ein Glas geben. Nacheinander die Säfte ins Glas gießen.

1. Kauft die nötigen Zutaten im Supermarkt ein und probiert die Rezepte mit der Klasse aus.
2. Berechnet die Flüssigkeitsmenge bei den Rezepten.
3. Sammelt selbst alkoholfreie Frucht-Cocktailrezepte.
4. Für welche Frucht-Cocktails entscheidet ihr euch?

Milliliter im Alltag

1. Sammelt Gegenstände mit ml-Angaben. Oben findet ihr einige Beispiele. Vergleicht die Volumenangaben miteinander.
2. Ordnet eure Gegenstände nach ihrem Volumen.
3. Schreibt die Volumenangaben in Millilitern (ml) und Litern (l) als Dezimalzahlen auf.
4. Formuliert Sätze wie:
   - In ________ ist doppelt so viel wie in ________.
   - In ________ ist 3-mal so viel wie in ________.
   - In ________ ist 5-mal so viel wie in ________.
   - In ________ ist 10-mal so viel wie in ________.
5. Sucht nach Behältnissen, die 1 ml, 10 ml, 50 ml, 100 ml, 200 ml, 250 ml Inhalt haben. Fotografiert sie und hängt die Fotos im Klassenzimmer auf.

Gläser, Gläser, Gläser

Besorgt euch unterschiedlich große Trinkgläser.
Bestimmt gibt es welche in eurer Schule.

1. Ordnet eure Gläser nach dem Volumen.
2. Schätzt zuerst.
3. Prüft dann nach, wie gut ihr geschätzt habt. Messt dazu die Flüssigkeitsmengen mit einem Messbecher.
4. Für eure Frucht-Cocktails benötigt ihr Gläser. Wie viel ml muss ein Glas mindestens fassen?
5. Sucht ein passendes Glas für euren Frucht-Cocktail.

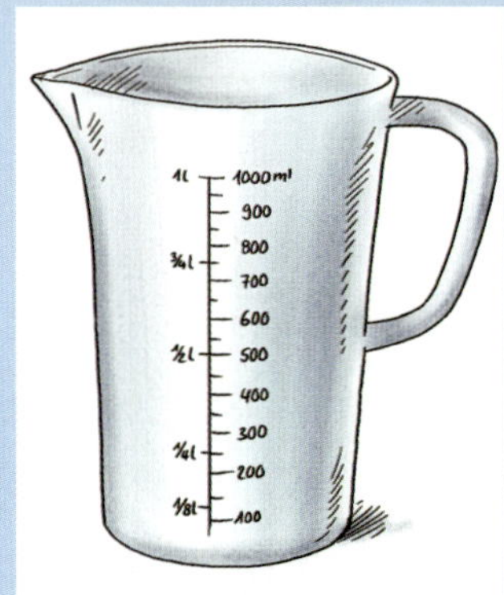

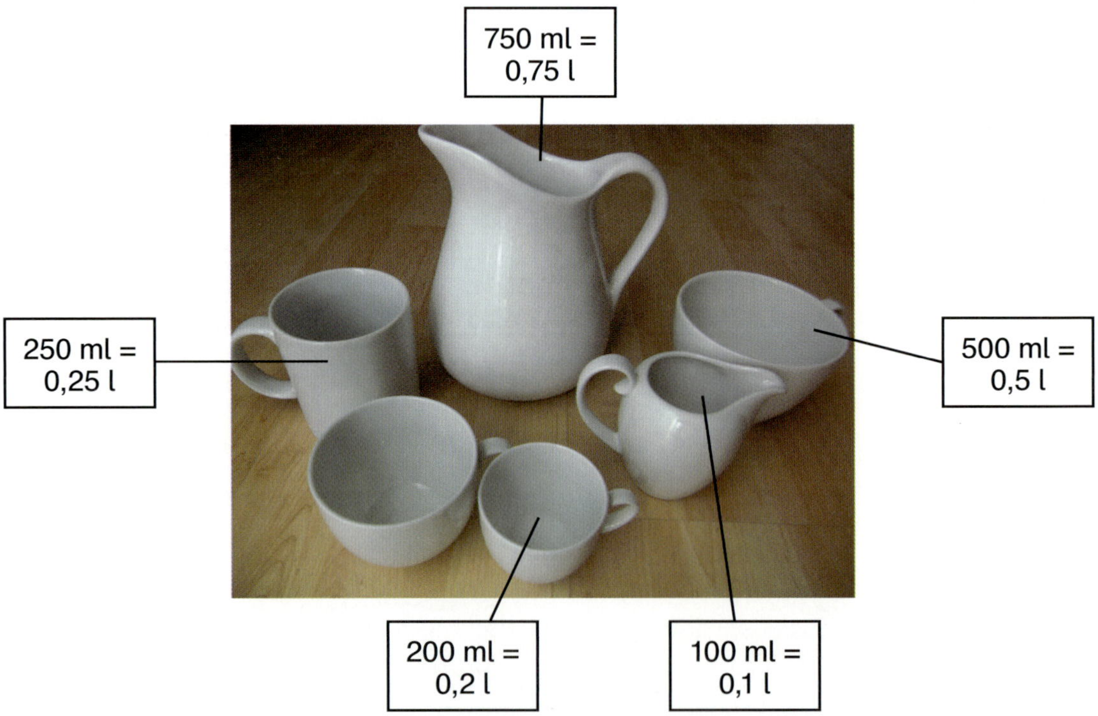

6. Wie könnt ihr mit den Gefäßen 1 l (750 ml, 500 ml) zusammengießen? Es gibt mehrere Lösungen. Schreibt sie in euer Heft.

Getränkekauf

Im Supermarkt besorgen Sarah und Kosta die Zutaten für ihre Frucht-Cocktails.

SUPERMARKT KNOTTMANN &
RÖSISCH
WIESBADENER STR. 23
69874 ROTTHAUSEN
TEL. 0 74 35 / 93 09 20
KAS. 3

FIL. 1
10.09.20XX

CRUSHED ICE	R		1.99	B
PFIRSICHNEKT.	R		1.60	B
PFAND 0,15 EUR			0.15	B
GINGER ALE	R		1.29	B
PFAND 0,15 EUR			0.15	B
6 X		0.49		
LIMETTEN	R		2.94	A
ANANASSAFT	R		1.75	B
PFAND 0.15 EUR			0.15	B
ROHRZUCKER	R		1.29	B
JOPE CRANBER	R		2.40	B
PFAND 0.15 EUR			0.15	B
ZW-SUMME			13.86	
TOTAL			13.86	

1. Rechnet aus, wie viele Frucht-Caipirinhas und wie viele Beach-Frucht-Cocktails man aus dem Einkauf herstellen kann. Alle Getränke werden in 1-Liter-Flaschen abgefüllt.
2. Berechnet, wie viel Euro die Zutaten für einen Frucht-Cocktail kosten.

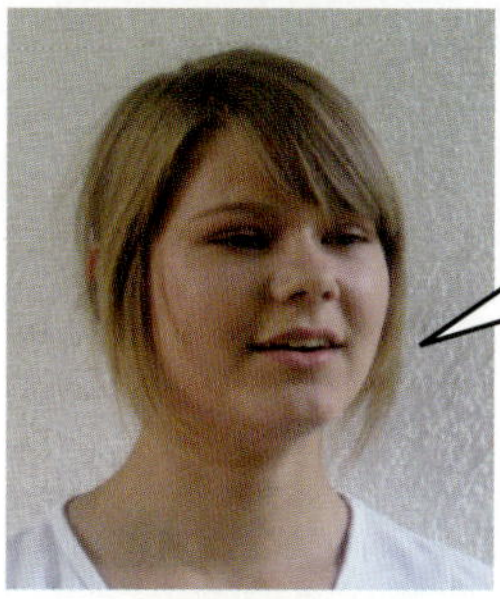

Wir müssen Zutaten für
50 Frucht-Caipirinhas und
50 Beach-Frucht-Cocktails
einkaufen.

3. Schreibt eine Einkaufsliste für Sarah.
4. Wie viele Liter Frucht-Caipirinha und wie viele Liter Beach-Frucht-Cocktail lassen sich daraus herstellen?
5. Wie viel Euro kostet der Einkauf für alle Frucht-Cocktails?

Preisvergleich

Viele Getränke gibt es in unterschiedlichen Packungsgrößen. Fabio und Kosta sind sich unsicher, welche Flaschengröße für den Getränkeverkauf im Schülercafé am günstigsten ist.

0.75 € 1FL
+ Pfand 0.15 €
1 L = 1.50 €
LIMO ORANGE 0,5 L MW

1.59 € 1FL
+ Pfand 0.25 €
1 L = 0.80 €
LIMO ORANGE 2L PK DPG

0.85 € 1FL
+ Pfand 0.13 €
1 L = 1.70 €
LIMO ORANGE PET MW 0,5L

1. Schaut die Preisschilder genau an. Welche Informationen liefern die Preisschilder? Sprecht darüber.
2. Sucht im Supermarkt nach Preisen für Getränke, die im Schülercafé angeboten werden.
3. Erstellt dazu eine Tabelle im Heft.

Name des Getränks	Inhalt in l/ml	Preis	Preis für 1 l	Fassungsvermögen einer Getränkeverpackung in ml/l	Anzahl der befüllbaren Gläser

Preiskalkulation

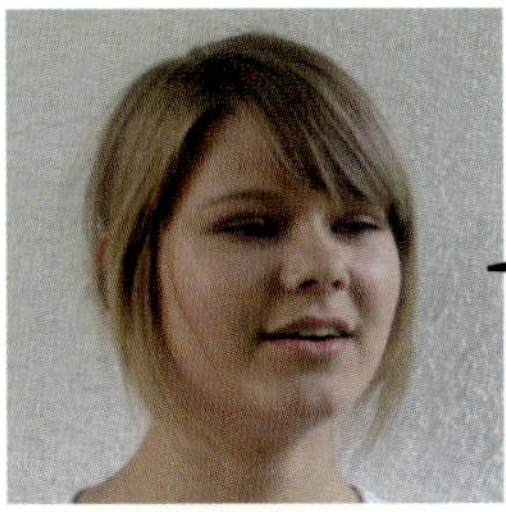

Ich habe eine Preisliste für den Getränkeverkauf im Schülercafé erstellt. Würdet ihr zu diesem Preis die Getränke verkaufen oder andere Preise nehmen? Begründet eure Antwort.

Aus der Preisliste des Schülercafés:

Glas Mineralwasser	0,30 €
Glas Saft	0,40 €
Glas Saftschorle	0,35 €
Glas Frucht-Cocktail	
Glas Orangenlimo	

Ausgaben + **Gewinn**

Verkaufspreis

Die Getränke sollten wir nicht zu teuer verkaufen …

1. Diskutiert die Preisvorschläge von Sarah.
2. Vervollständigt die Preisliste von Sarah in eurem Heft. Nutzt dazu die Tabelle auf Seite 22.
3. Welchen Tipp könnte Lisa geben?

Die Schüler des Schülercafés haben aufgeschrieben, wie viele Getränke sie in einer Woche verkauft haben:

Getränk	Mo	Di	Mi	Do	Fr
Glas Mineralwasser	卌 卌 卌 卌	卌 卌	卌 卌	卌	卌 II
Glas Saft	卌 卌 卌 III	卌 卌 卌 I	卌 II	卌 III	IIII
Glas Saftschorle	卌 卌 卌 卌	III	II	卌 卌 卌 III	卌
Glas Orangenlimo	卌 卌	卌 卌 IIII	卌 卌	卌 卌	卌 卌
Glas Frucht-Caipirinha	卌 卌	卌 卌	II	卌	卌 IIII
Glas Beach-Frucht-Cocktail	卌 III	卌 IIII	IIII	II	卌 II

4. Berechnet, wie viel Geld die Schülerinnen und Schüler beim Getränkeverkauf eingenommen haben.
5. Wie hoch ist der Gewinn?

Wie viele Teelöffel kannst du mit einer Packung Rohrzucker füllen?

Wie viel ml Flüssigkeit fasst ein Teelöffel?

In einer Tintenpatrone ist ungefähr 1 ml Tinte. Ein Päckchen mit 6 Patronen kostet 0,85 EUR.
In einem Tintenglas zum Nachfüllen sind 30 ml Tinte. Das Glas kostet 3,00 EUR.
Was würdest du kaufen? Vergleiche und begründe deine Antwort.

Wie viele Milliliter Wasser fasst ein Tafelschwamm?

Wie viele Kästen Mineralwasser benötigst du, wenn alle Schüler deiner Schule ein Glas Wasser bekommen sollen?

Sarah füllt ein 0,2-l-Glas mit Apfelsaft. Nachdem sie es zur Hälfte ausgetrunken hat, denkt sie: „Eine Apfelsaftschorle wäre doch besser!"
Sie füllt deshalb das Glas wieder mit Wasser auf.
Danach trinkt sie das Glas wieder zur Hälfte aus und füllt es dann wieder mit Wasser auf.
Diese Mischung ist nun endlich nach ihrem Geschmack.
Wie viel Apfelsaft und wie viel Wasser sind nun in Sarahs Glas?

3 Kurs: Geometrie I

Der Umfang

1. Was wird auf den Fotos gemessen? Schätzt die Ergebnisse.
2. Findet selbst Gegenstände, deren Umfang ihr messen könnt. Schätzt das Ergebnis, bevor ihr messt.
3. Sortiert eure Messergebnisse der Größe nach.
4. Wie misst man am besten eckige Formen, wie misst man am besten runde Formen? Beschreibt euer Vorgehen.

Fantasieformen

Stellt selbst Dreiecke her und legt Formen.

a) Zeichnet auf ein Stück Pappe 4 parallele Linien im Abstand von 4 cm.
b) Jede Linie sollte ca. 30 cm lang sein.
c) Zeichnet immer zwischen 2 Linien 2 Rechtecke mit der Länge von 8 cm und 3 Quadrate.
d) Zeichnet in jedes Viereck die Diagonale ein.
e) Schneidet nun die Dreiecke aus.

1. Welche besonderen Eigenschaften haben die Dreiecke?
2. Messt den Umfang der kleinen und der großen Dreiecke wie auf dem Foto.

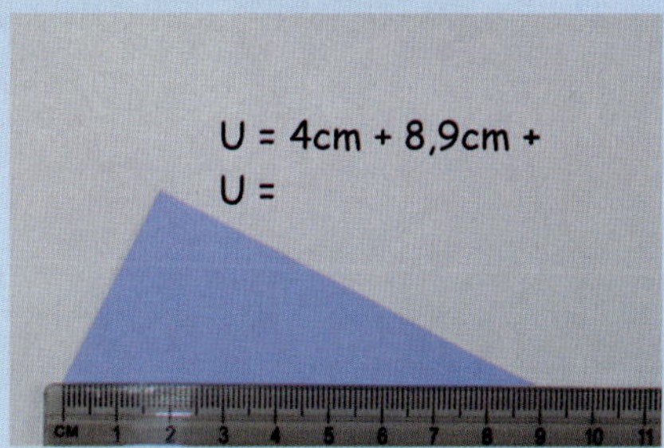

3. Legt den Stern nach. Messt den Umfang.
4. Legt mit euren Dreiecken eigene Fantasieformen. Messt den Umfang.
5. Legt mit euren Dreiecken Formen, die einen sehr großen Umfang haben.

Geometrische Formen legen

1. Legt mit den Dreiecken folgende Formen. Findet verschiedene Möglichkeiten.
   a) Quadrat
   b) Rechteck
   c) Parallelogramm
   d) Raute
   e) Trapez
   f) Drachen
2. Berechnet den Umfang eurer Formen. Schätzt zuerst.
3. Die unten stehenden Formen sind noch nicht fertig. Legt immer 2 Dreiecke so dazu, dass neue Formen entstehen.

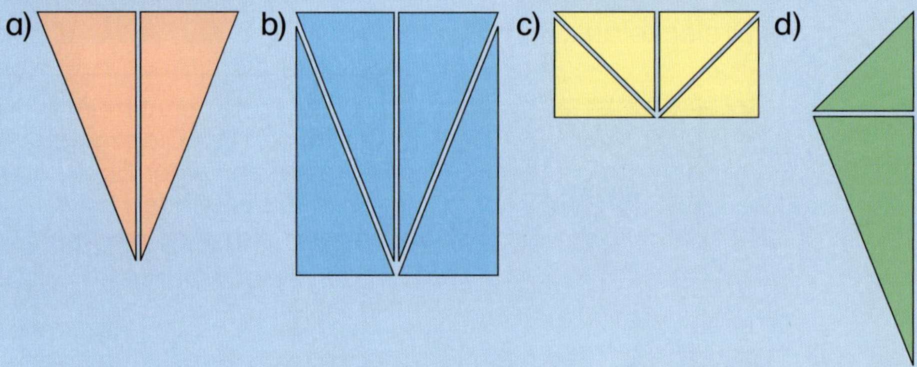

Formen zeichnen

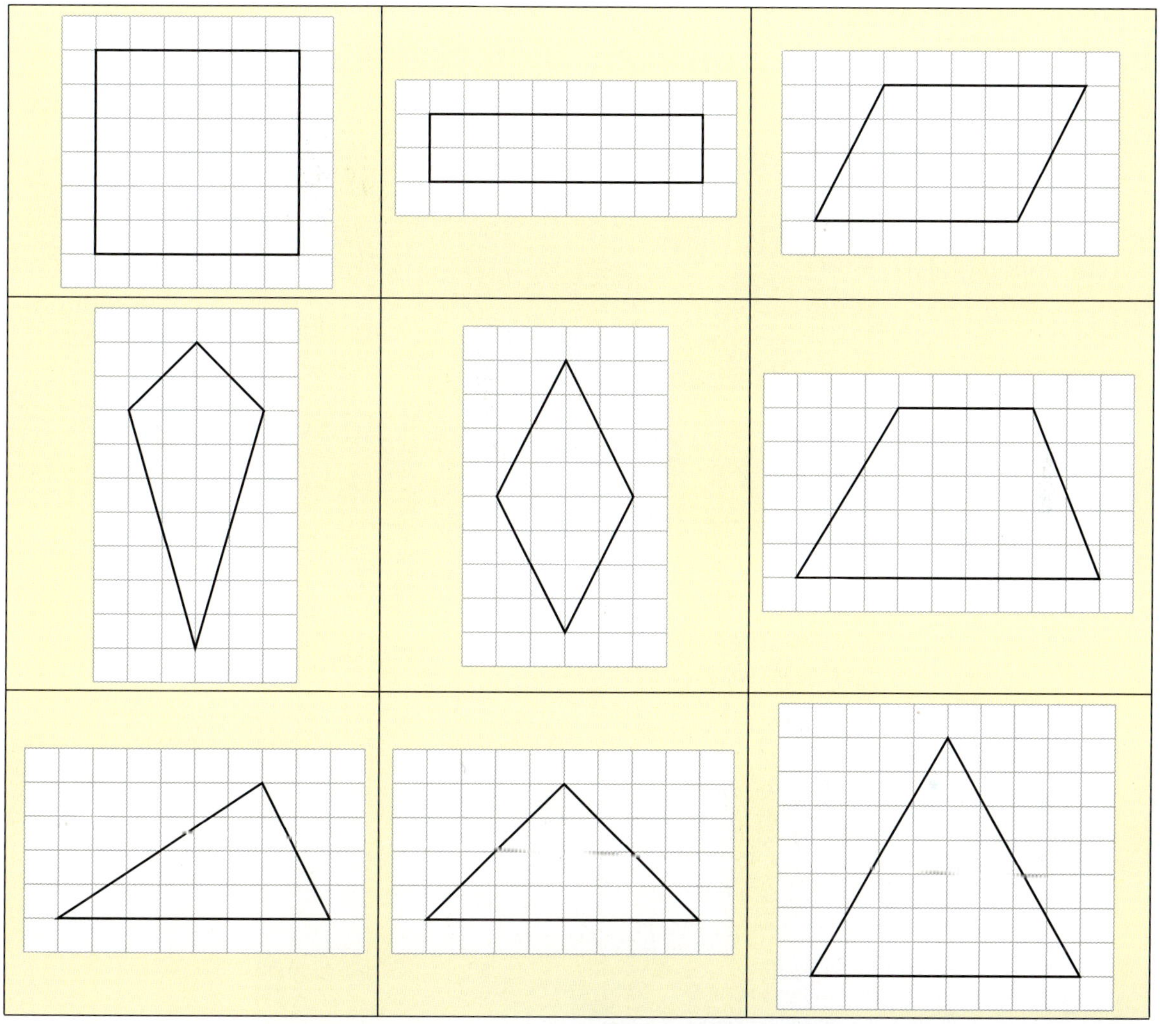

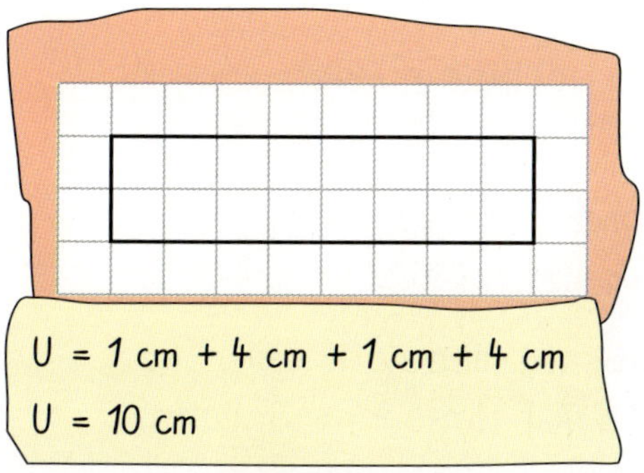

1. Zeichnet die Formen auf Karteikarten mit Rechenkästchen und beschriftet sie.
2. Messt die Seitenlängen der Formen und berechnet den Umfang. Notiert eure Ergebnisse auf Karteikarten.
3. Jeder mischt seine Karten und ordnet die Formen-Karten den richtigen Umfang-Karten zu.
4. Welche Karten lassen sich besonders einfach zuordnen?

Umfänge berechnen

Die Schüler haben eine Idee, wie sie den Umfang ihrer Formen berechnen können, ohne alle Seiten ausmessen zu müssen.

1. Findet 2 weitere Formen, deren Umfang wie bei einem Rechteck berechnet wird.
2. Schreibt neue Umfang-Karten wie im Beispiel. Für welche Formen gibt es keine neue Möglichkeit, den Umfang zu berechnen?
3. Zeichnet weitere geometrische Formen. Tauscht diese aus und berechnet den Umfang der Formen. Geht so vor, dass ihr möglichst wenige Seiten ausmessen müsst.

Umfangsformeln

Man kann den Seiten einer Form Namen geben. Als Namen werden immer kleine **Buchstaben** verwendet.

Mit den Buchstaben kann man **Formeln** aufschreiben. Die Formeln zeigen, wie man den Umfang einer Form geschickt berechnen kann.

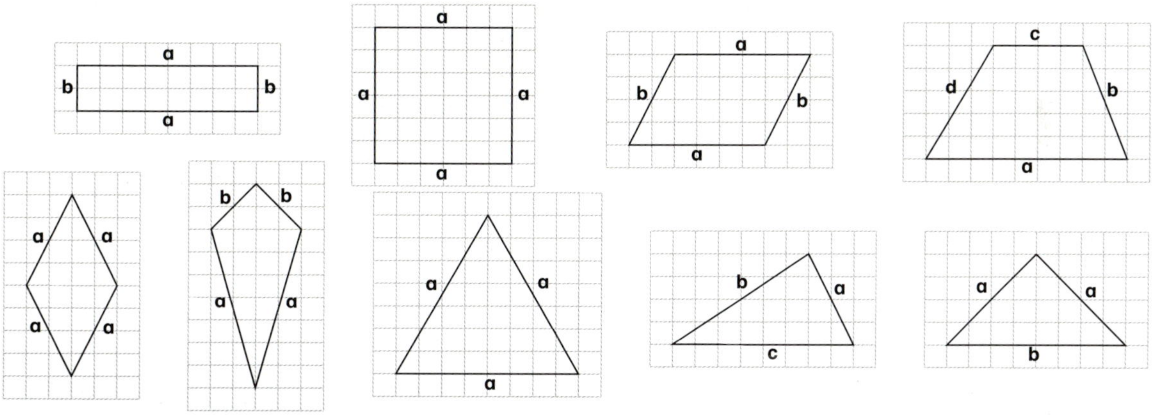

1. Beschriftet die Formen auf euren Karteikarten mit den Buchstaben.
2. Übertragt unten stehende Tabelle in euer Heft. Ordnet den Formen die richtige Formel zu.

Form	Formel
Vierecke, Trapeze	
Quadrate, Rauten	
Rechtecke, Drachen, Parallelogramme	
Dreiecke	
gleichschenklige Dreiecke	
gleichseitige Dreiecke	

$U = 3 \cdot a$

$U = 2 \cdot a + 2 \cdot b$

$U = a + b + c$

$U = 2 \cdot a + b$

$U = 4 \cdot a$

$U = a + b + c + d$

Umfang und Fläche

1. Warum können sich die Schüler nicht einigen? Diskutiert, wer von beiden die größte Figur hat.
2. Bestimmt auch den Umfang der anderen Figuren und die Anzahl der farbigen Kästchen.
3. Bestimmt die Figur mit dem größten Umfang und die Figur mit der höchsten Kästchenanzahl.

a) 

b) 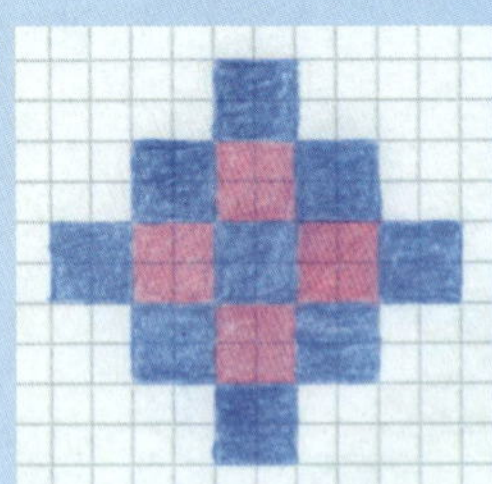

c) 

d) 

4. Zeichnet selbst Figuren und bestimmt Umfang und Kästchenzahl.

Der Quadratzentimeter (cm^2)

Ein Quadratzentimeter (cm^2) ist eine Fläche, die 1 cm mal 1 cm groß ist!

1 cm

1 cm | $1\ cm^2$

1. Übertragt die Tabelle in euer Heft und füllt sie vollständig aus.

größer als $1\ cm^2$	kleiner als $1\ cm^2$	ungefähr $1\ cm^2$ groß

2. Findet selbst Gegenstände mit kleinen Flächen. Tragt die Gegenstände in eure Tabelle ein.
3. Wie viele Kästchen in eurem Rechenheft ergeben $1\ cm^2$? Malt die Rechenkästchen aus und beschriftet wie auf dem Foto.

4. Wie viele Kästchen brauchst du für $2\ cm^2$, $5\ cm^2$, $10\ cm^2$, $20\ cm^2$? Geht wie bei Aufgabe 3 vor.

Flächeninhalt von Rechtecken

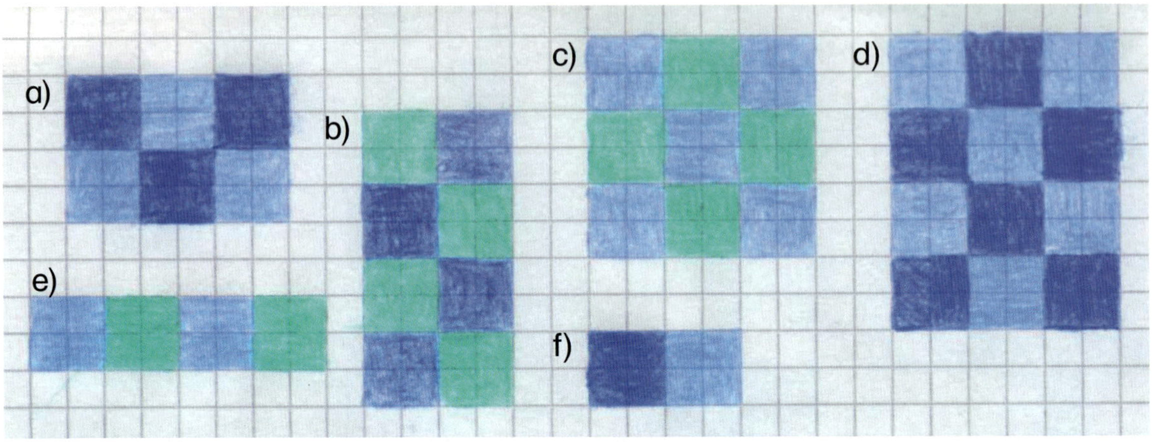

1. Gebt die Flächeninhalte der Formen in cm^2 an, indem ihr die farbigen Kästchen zählt.

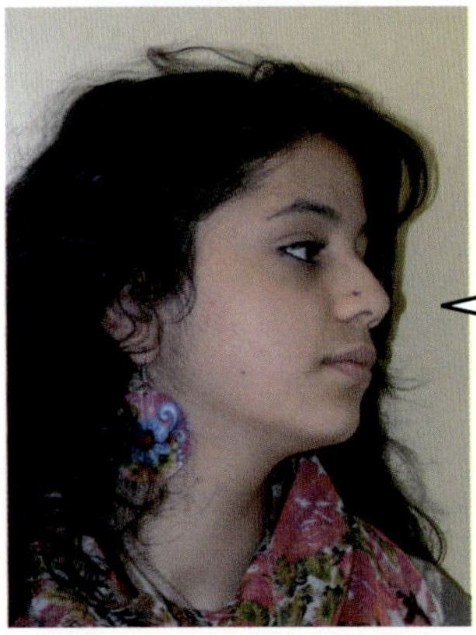

Um die Anzahl der Zentimeterquadrate (cm^2) zu berechnen, reicht es, die Länge mit der Breite malzunehmen.

Der Flächeninhalt wird mit einem großen A abgekürzt.

$A = a \cdot b$

$A = 3\text{ cm} \cdot 2\text{ cm}$

$A = 6\text{ cm}^2$

In einer Reihe sind 3 Kästchen. Es sind 2 Reihen, also rechne ich $3 \cdot 2$. Insgesamt sind es 6 Zentimeterquadrate (cm^2). Der Flächeninhalt ist 6 cm^2 groß.

2. Berechnet jetzt den Flächeninhalt der Formen. Schreibt euren Rechenweg wie im Beispiel auf.
3. Zeichnet selbst Rechtecke und berechnet den Flächeninhalt.

Flächeninhalt von Quadraten und Rechtecken

Bei einem Quadrat ist es ganz einfach: Es sind genauso viele Kästchen in einer Reihe wie es Reihen gibt.
Also gilt: $A = a \cdot a$

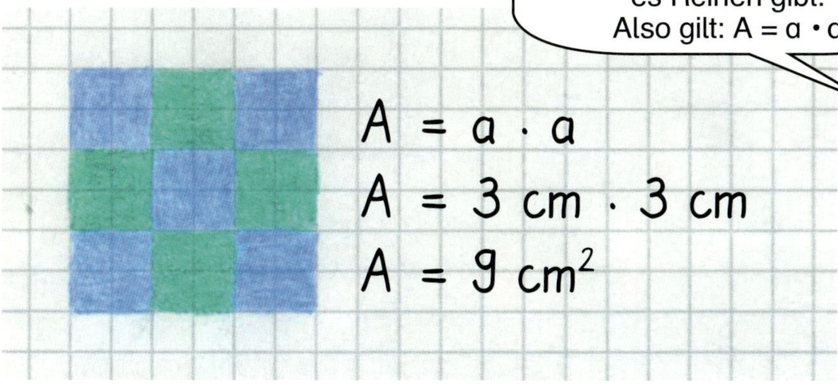

1. Zeichnet Quadrate und berechnet ihre Flächeninhalte wie im Beispiel.

Tafelseite:
Länge: 1 m
Breite: 1 m

Tisch:
Länge: 120 cm
Breite: 50 cm

Farbiges Feld des Teppichs:
Länge: 13 cm
Breite: 13 cm

2. Berechnet die Flächeninhalte der Gegenstände auf den Fotos. Überlegt vorher, ob ihr auch die Formel für das Quadrat anwenden könnt.
3. Sucht selbst Gegenstände, die eine rechteckige oder quadratische Fläche haben. Berechnet die Flächeninhalte.

Parallelogramme verändern

Aus einem Parallelogramm kann man ein Rechteck machen.

a) Zeichnet dieses Parallelogramm auf ein Blatt Karopapier.

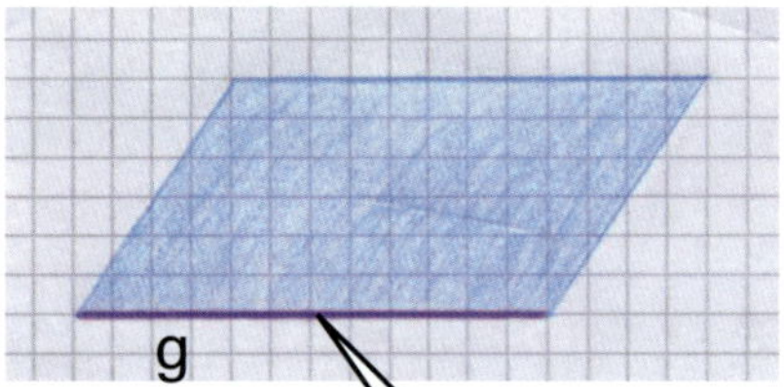

Diese Linie nennt man **g**. Das g steht für Grundseite.

b) Zeichnet die Höhe **h** ein: Diese Linie verläuft senkrecht zur Grundseite des Parallelogramms und beginnt am Ende der Grundseite.

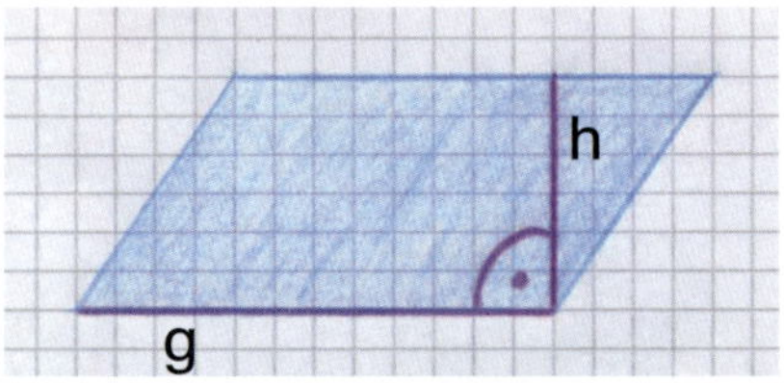

c) Schneidet das Dreieck ab.

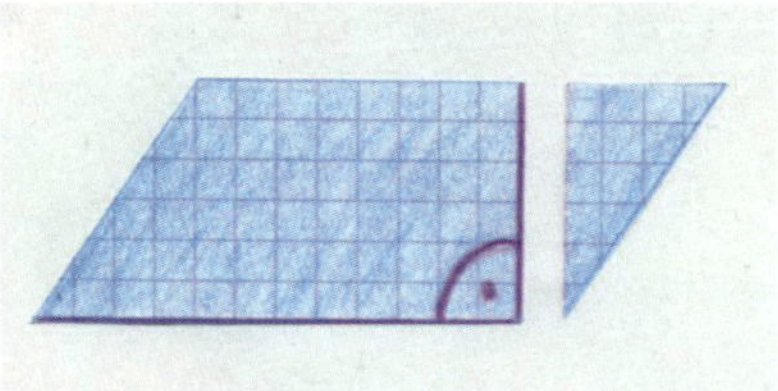

d) Legt das Dreieck so an die Form an, dass ein Rechteck entsteht.

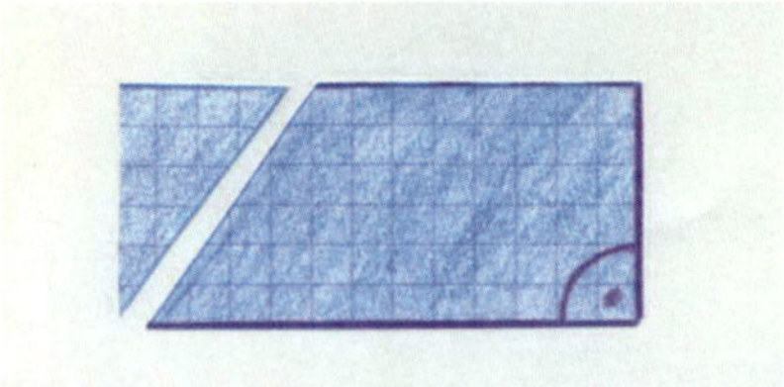

1. Zeichnet Parallelogramme und verwandelt sie in Rechtecke. Geht dabei wie in der Anleitung beschrieben vor.
2. Erstellt weitere Parallelogramme. Zeichnet die passenden Rechtecke ein, ohne das Parallelogramm vorher zu zerschneiden.

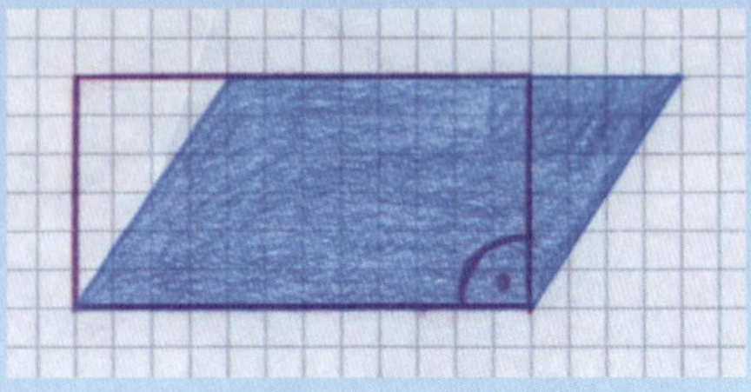

Flächeninhalt von Parallelogrammen

Das Rechteck, das aus dem Parallelogramm entsteht, hat den gleichen Flächeninhalt wie das Parallelogramm selbst.

Den Flächeninhalt dieses Rechtecks berechne ich so: $A = g \cdot h$

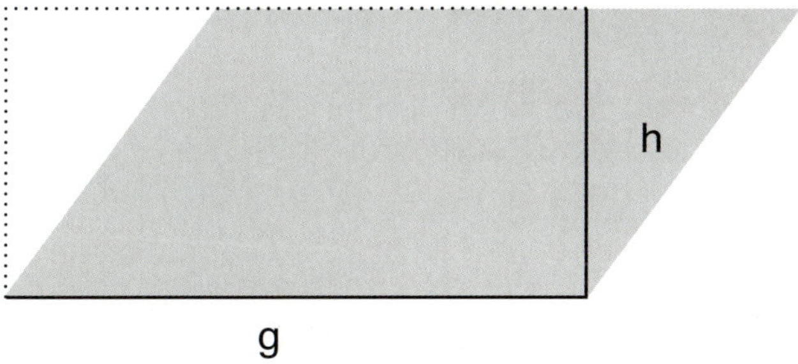

Grundseite: $g = 6\ \text{cm}$

Höhe: $h = 3\ \text{cm}$

$A = g \cdot h$

$A = 6\ \text{cm} \cdot 3\ \text{cm}$

$A = 18\ \text{cm}^2$

a) 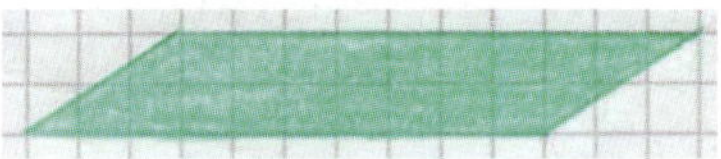

b) 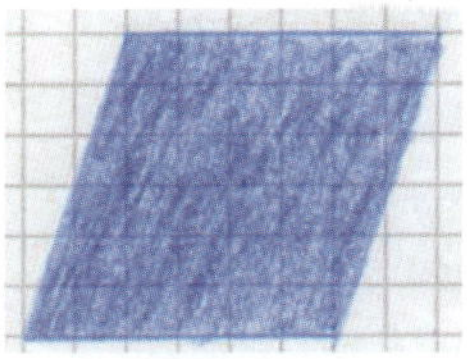

c) 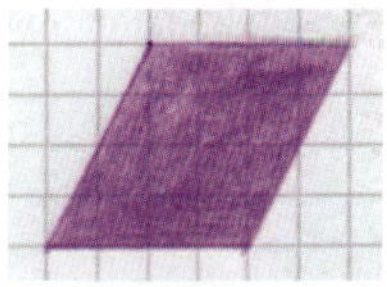

d) 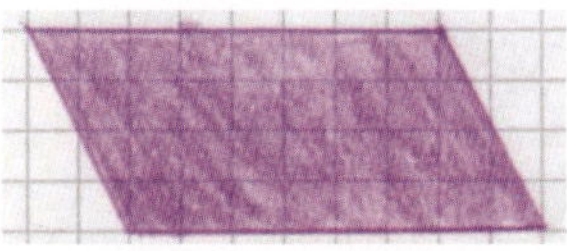

e) 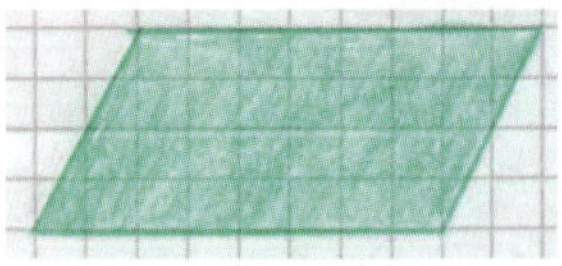

1. Zeichnet die Parallelogramme in euer Heft.
2. Zeichnet zu den Parallelogrammen die passenden Rechtecke.
3. Berechnet den Flächeninhalt der Parallelogramme mithilfe der Rechtecke.

Flächeninhalte von Dreiecken

Ich habe eine Idee. Wenn ich das gleiche Dreieck noch einmal ausschneide und geschickt anlege, dann erhalte ich ein Parallelogramm.

Alex rechnet Grundseite mal Höhe und teilt dann durch zwei: $A = \frac{g \cdot h}{2}$

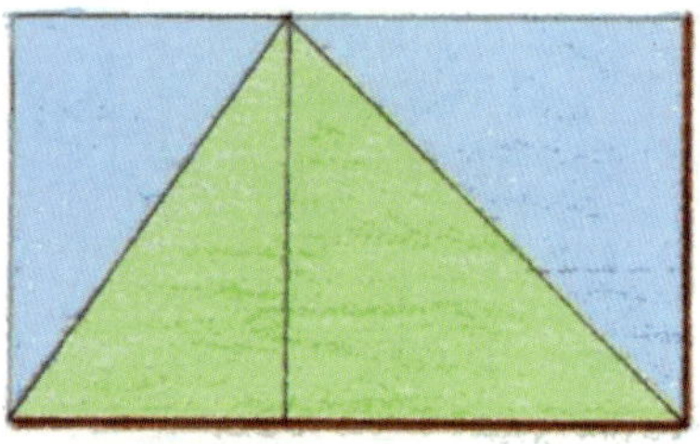

So geht es aber auch. Ich mache aus dem Dreieck ein Rechteck.

Thorsten rechnet: Länge mal Breite und dann durch zwei:

$A = \frac{a \cdot b}{2}$

1. Zeichnet ein Dreieck und probiert beide Methoden aus. Kommt ihr auf das gleiche Ergebnis?
2. Wie sind Alex und Thorsten auf ihre Lösungen gekommen? Begründet.

Flächeninhalt eines Dreiecks:

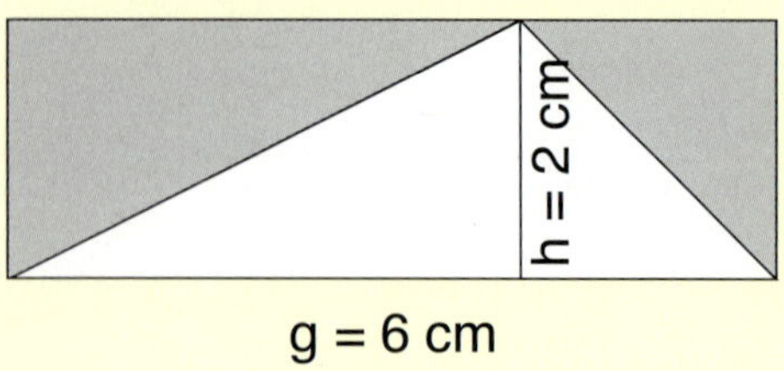

$6\text{ cm} \cdot 2\text{ cm} = 12\text{ cm}^2$

$12\text{ cm}^2 : 2 = 6\text{ cm}^2$

Grundseite mal Höhe geteilt durch 2:

$$\mathbf{A = \frac{g \cdot h}{2}}$$

4 Wetter

heute
0...5
0...5
5...10
15...20

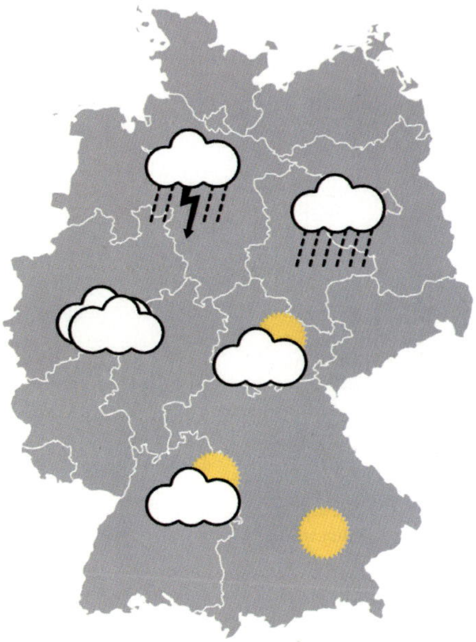

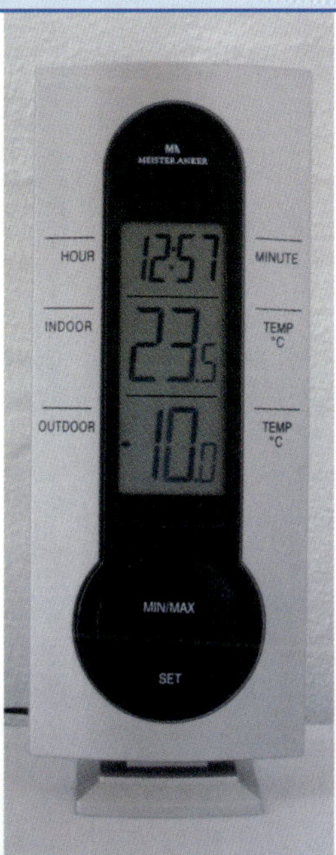
HOUR
12:57
MINUTE
INDOOR
23.5
TEMP °C
OUTDOOR
10.0
TEMP °C
MIN/MAX
SET

Wetterkarte

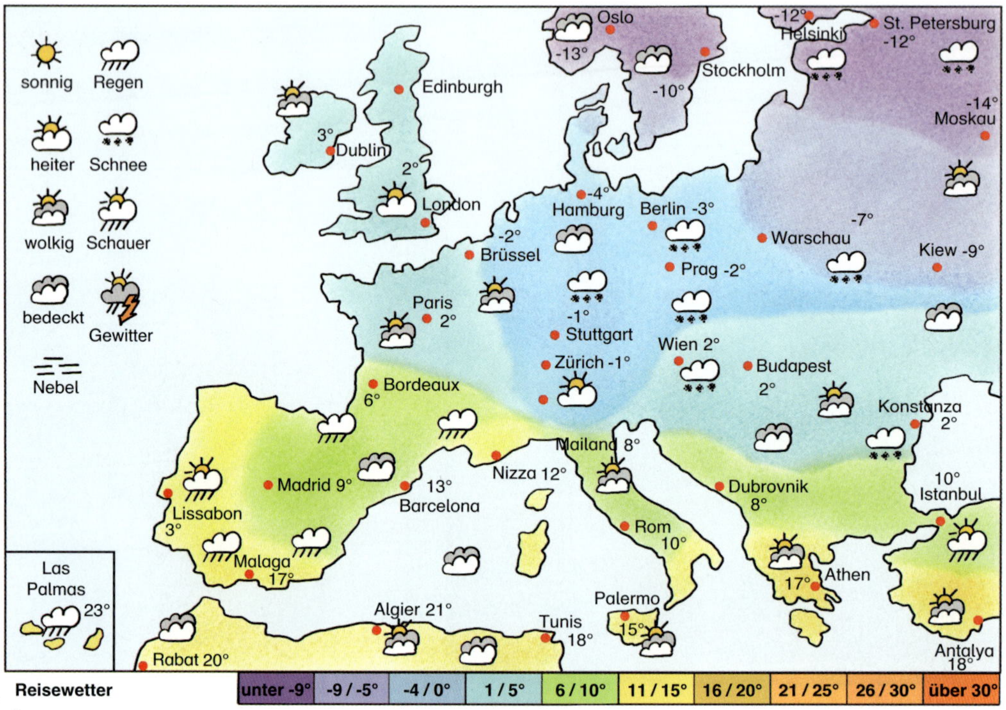

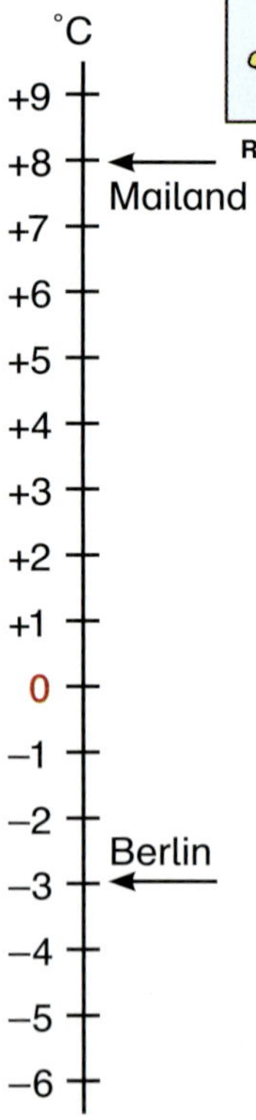

1. Zeichnet eine Temperaturskala in euer Heft. Tragt die Temperaturen von weiteren Städten ein.

Temperaturen messen

Lisas Klasse hat jeden Tag die Außentemperatur gemessen und berechnet die Temperaturunterschiede.

Wie viel Grad Celsius war es am Freitag wärmer als am Mittwoch?

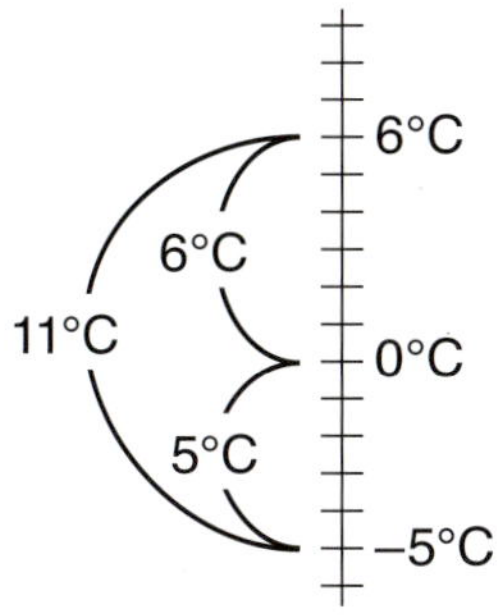

Ich habe meinen Rechenweg aufgeschrieben.

Mo

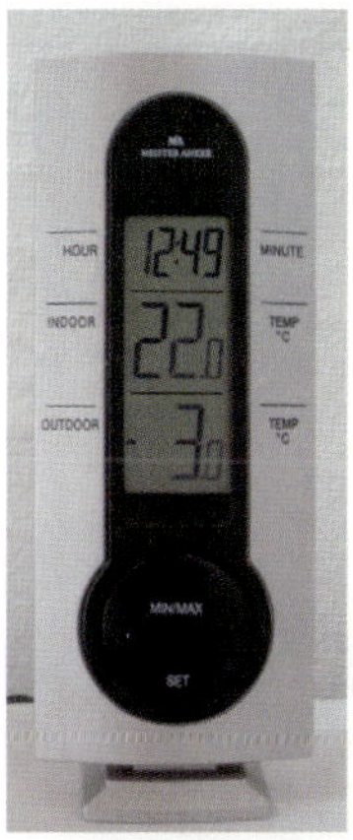

Di

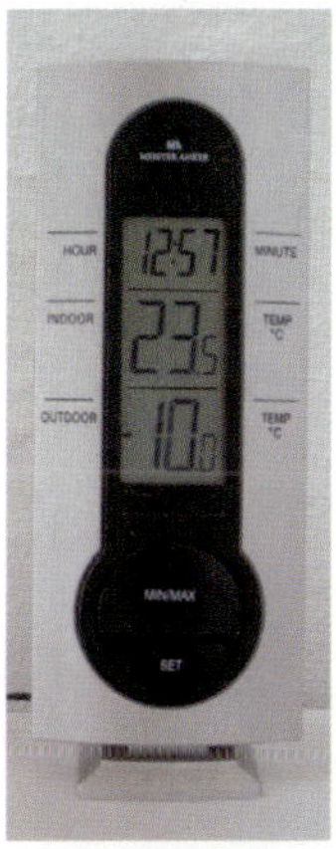

Mi

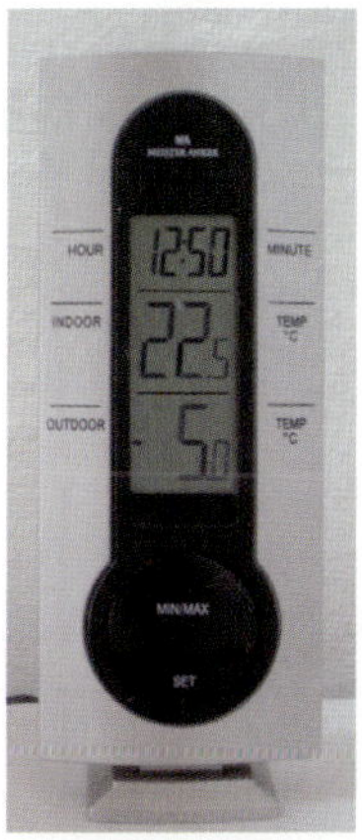

Do

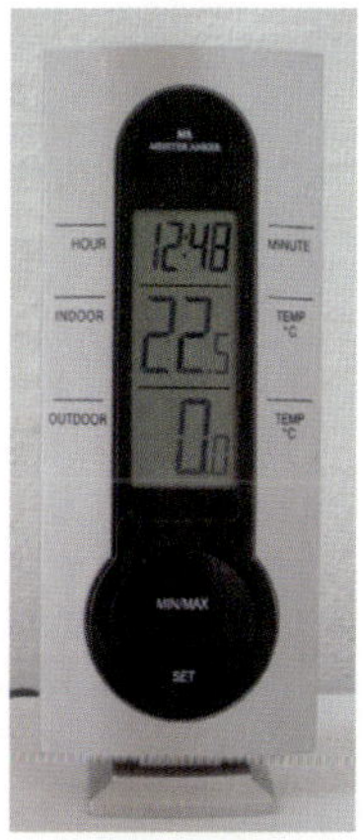

Fr

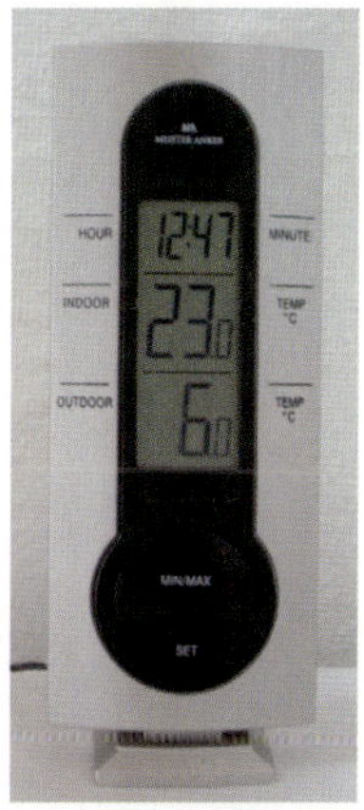

1. Tragt die Außentemperaturen auf einer senkrechten Temperaturskala in euer Heft ein.
2. An welchem Tag war es am wärmsten/am kältesten?
3. Ordnet die Temperaturen. Beginnt mit der höchsten Temperatur.
4. Beschreibt Sarahs Rechenweg zur Berechnung von Temperaturunterschieden.
5. Berechnet die Temperaturunterschiede zwischen …
   a) … Dienstag und Mittwoch,
   b) … Mittwoch und Freitag,
   c) … Donnerstag und Freitag.
6. Messt selbst jeden Tag die Außentemperatur und überlegt euch Fragen zu euren Werten.

Temperaturveränderungen

Ich habe die Wetterprognose für die kommende Woche aus der Sonntagszeitung ausgeschnitten und eine Temperaturkurve dazu gezeichnet.

Wochenprognose für die Region

Mo	Di	Mi	Do	Fr
4°	2°	1°	0°	1°
-4°	-4°	-5°	-7°	-6°

	Tag	Nacht	Unterschied
Mo	4 °C	−4 °C	8 °C
Di			
Mi			

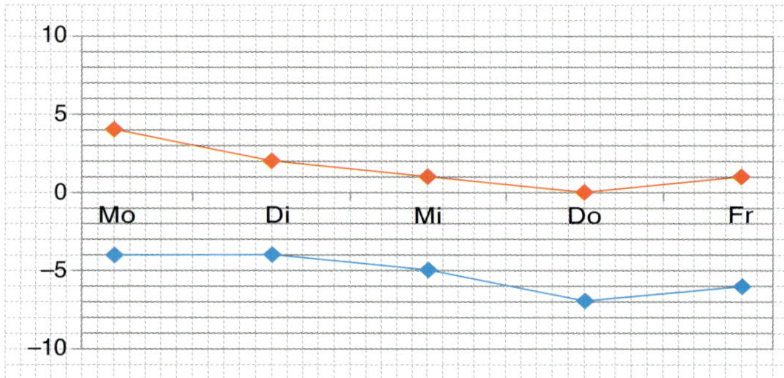

Ich habe auch Wettervorhersagen ausgeschnitten.

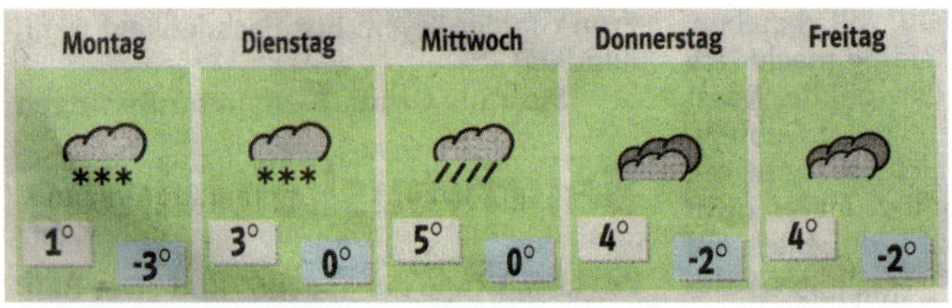

Montag	Dienstag	Mittwoch	Donnerstag	Freitag
1°	3°	5°	4°	4°
-3°	0°	0°	-2°	-2°

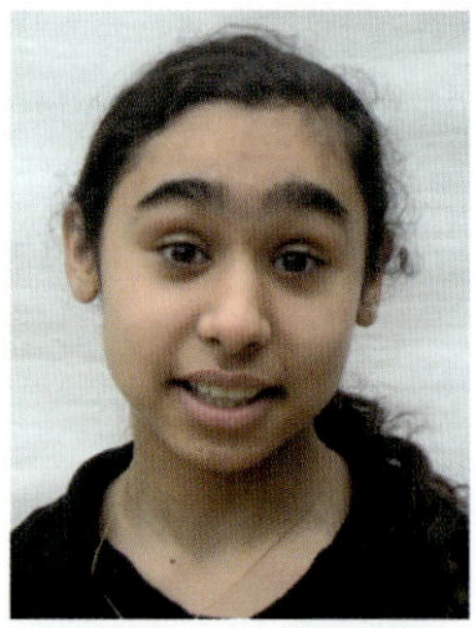

1. Ergänzt die Tabelle von Fabio.
2. Erstellt für die Wettervorhersage von Dilan eine Tabelle wie Fabios und zeichnet die Temperaturkurven.
3. Sucht in der Zeitung ähnliche Wettervorhersagen. Berechnet jeweils den Unterschied zwischen der Tages- und Nachttemperatur und zeichnet die dazugehörigen Temperaturkurven.
4. Überprüft eine Wettervorhersage aus der Tageszeitung durch eigene Messungen.

Wintertemperaturen in anderen Ländern

Kosta fliegt in den Weihnachtsferien nach Athen zu seinen Großeltern.

Meine Winterjacke kann ich auf jeden Fall zu Hause lassen. Nach den Ferien werde ich dir berichten, wie das Wetter war.

Wie viel Grad Celsius ist es denn in Athen wärmer als bei uns in Stuttgart?

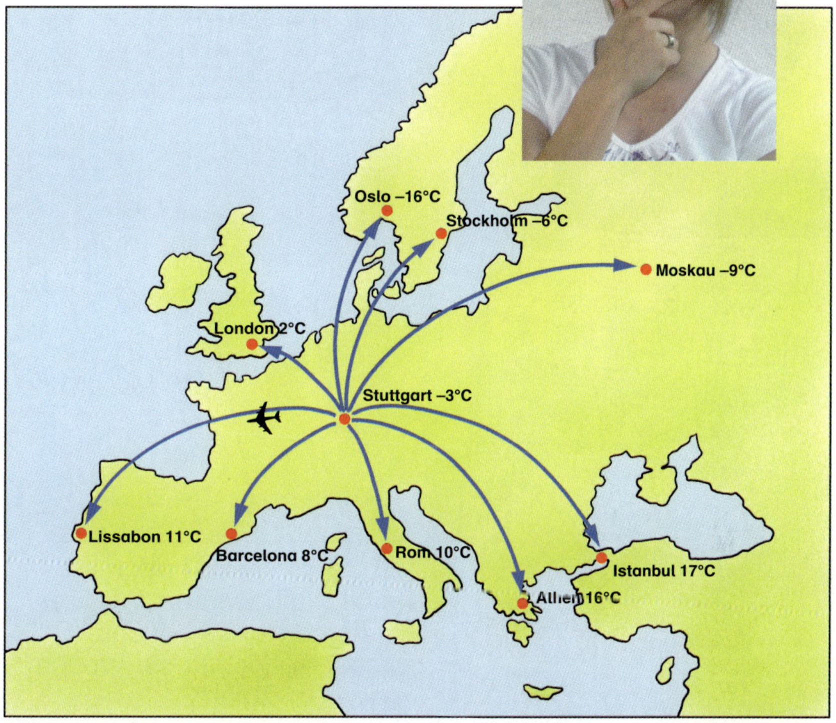

1. Berechnet in eurem Heft die Temperaturunterschiede von Stuttgart und den auf der Karte abgebildeten Flugzielen.
2. Während des Fluges nach Athen kann Kosta auf den Monitoren im Flugzeug aktuelle Flugdaten lesen.
   a) Bestimmt den momentanen Unterschied der Außen- und Innentemperatur.
   b) Wie viele Höhenmeter muss das Flugzeug bis zur Landung noch sinken?

ANKUNFTSZEIT:	12.29 UHR
TEMPERATUR IN STUTTGART (360M.Ü.NN):	- 3°C
TEMPERATUR IN ATHEN (3M.Ü.NN):	+ 16°C
INNENTEMPERATUR DES FLUGZEUGS:	+ 20°C
AUSSENTEMPERATUR:	- 36°C
AKTUELLE FLUGHÖHE:	9541 M Ü. NN

Durchschnittstemperatur der Woche

Kosta hat jeden Tag in den Weihnachtsferien in Athen die Temperatur gemessen. Er will die Durchschnittstemperatur berechnen.

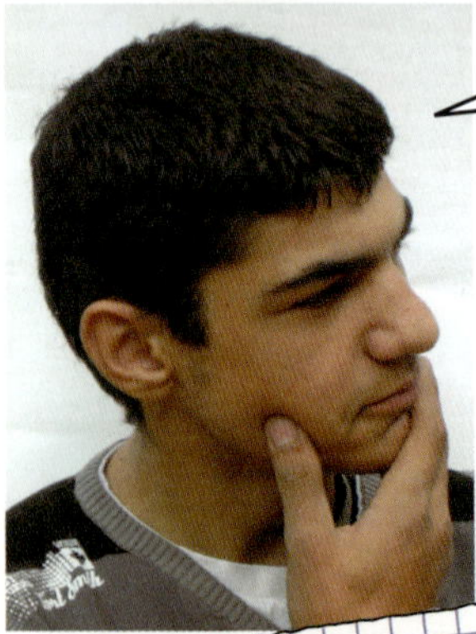

Zuerst addiere ich alle Messwerte. Dann dividiere ich die Summe durch die Anzahl der Messungen.

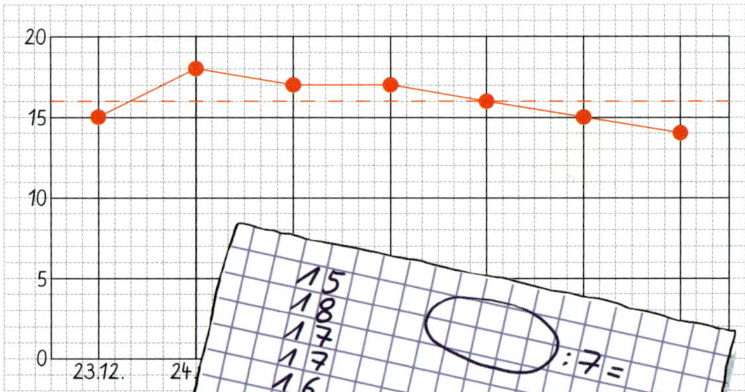

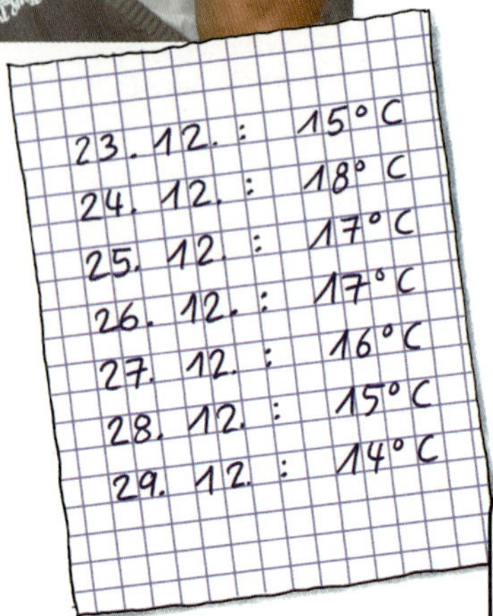

In Deutschland hatten wir weiße Weihnachten. Wie viel Grad war es bei uns durchschnittlich in der Woche kälter?

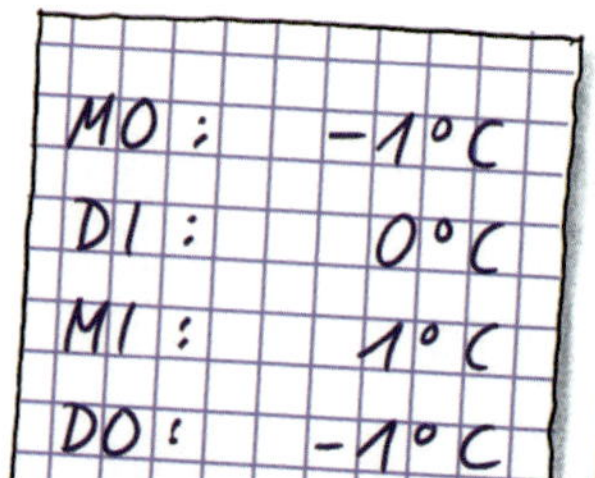

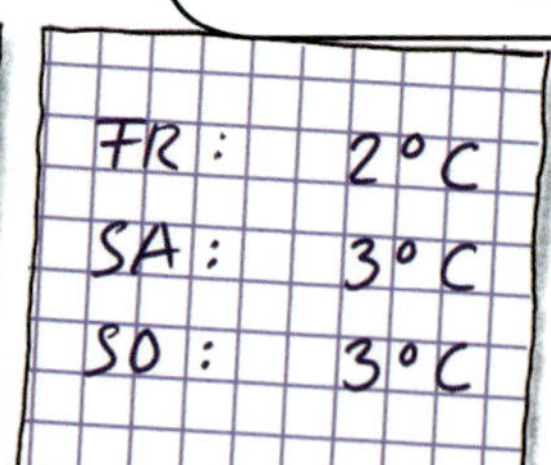

Ich addiere zuerst die positiven Messwerte und subtrahiere dann die beiden negativen Temperaturen. Zum Schluss darf ich die Division nicht vergessen.

1. Berechnet und vergleicht die Durchschnittstemperaturen der Woche in Athen und in Stuttgart.
2. Messt von Montag bis Freitag die Außentemperatur und berechnet dann die Durchschnittstemperatur.

Durchschnittstemperaturen in anderen Ländern

Dilan, Kosta und Tim haben die monatlichen Durchschnittstemperaturen für ihre Heimatstädte im Internet recherchiert.

Ich bin in Athen geboren.

Monat	J	F	M	A	M	J	J	A	S	O	N	D
°C	9		12	15		25		27			15	

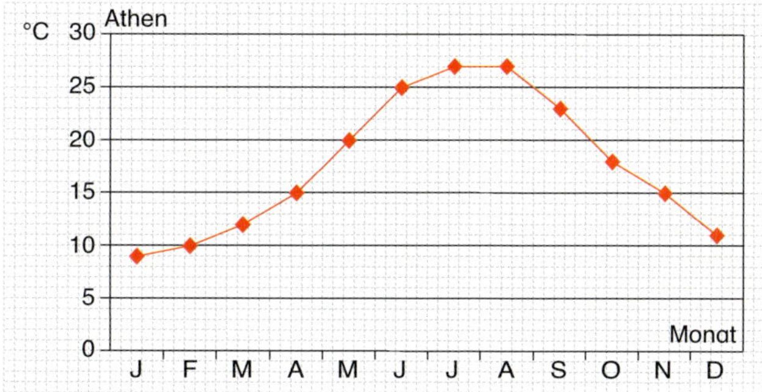

Ich habe bis zu meinem 4. Lebensjahr in Ankara gelebt.

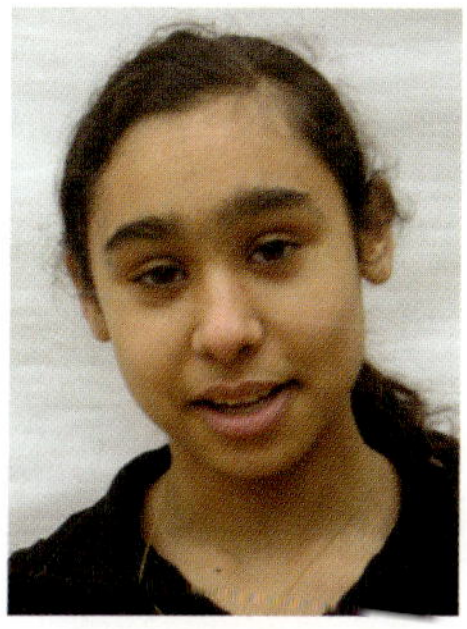

Monat	J	F	M	A	M	J	J	A	S	O	N	D
°C	0	2	6	11	16	20	23	23	18	13	7	3

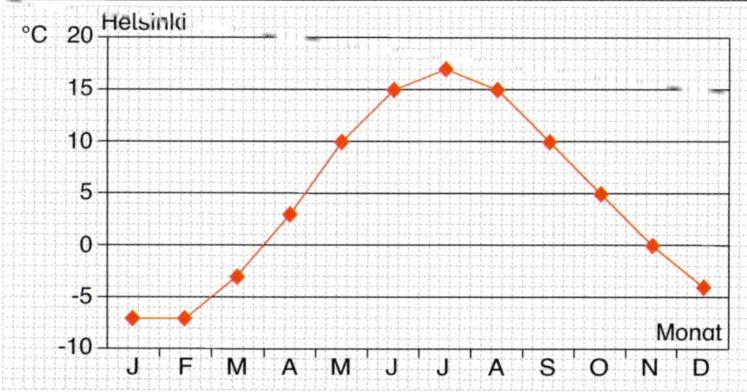

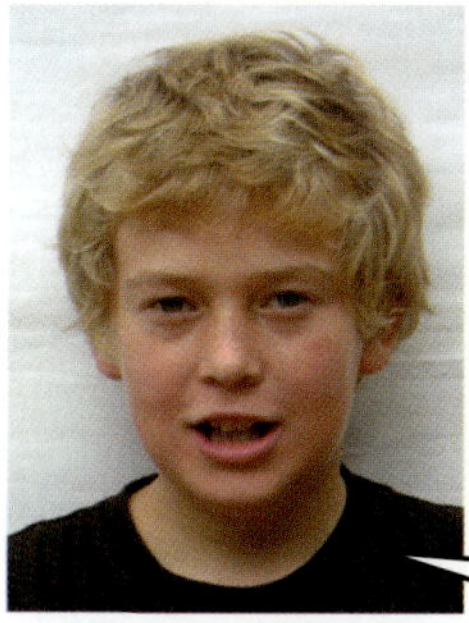

In Helsinki war es immer kälter als hier.

1. Übernehmt Kostas Tabelle in euer Heft und ergänzt sie.
2. Zeichnet die Temperaturkurve für Ankara in euer Heft (1°C = 1 Kästchen).
3. Lest die monatlichen Durchschnittstemperaturen von Helsinki ab und tragt sie in eine Tabelle ein.
4. Erkundigt euch nach den monatlichen Durchschnittstemperaturen eurer Heimatstädte und zeichnet eine Temperaturkurve.

Niederschlagsmengen vergleichen

Könnt ihr euch vorstellen, dass es in Rom mehr regnet als in Stuttgart?

Wenn ich in den Sommerferien bei meinen Großeltern bin, regnet es eigentlich fast nie.

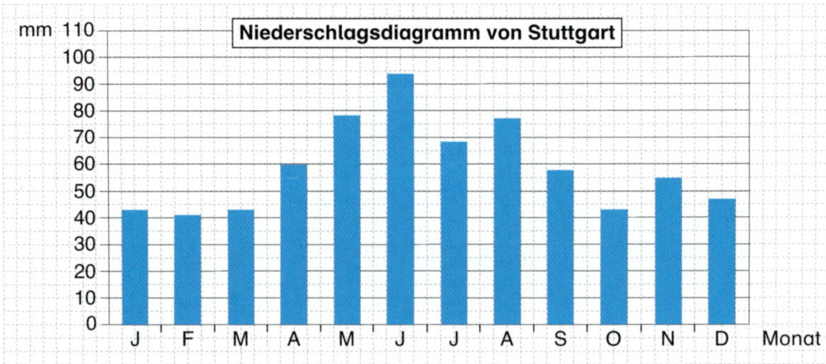

Durchschnittliche Niederschlagsmengen in Rom:

Monat	J	F	M	A	M	J	J	A	S	O	N	D
mm	81	74	64	50	42	21	19	37	74	94	105	94

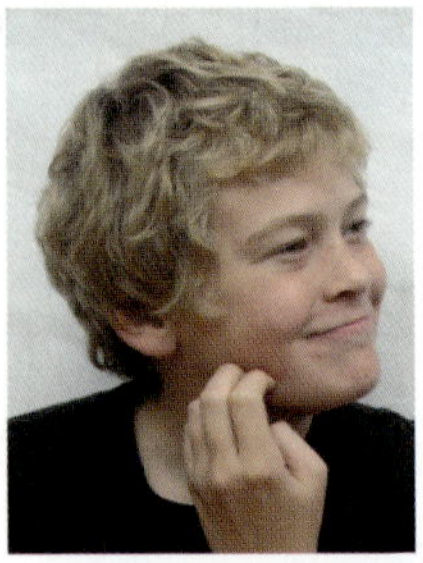

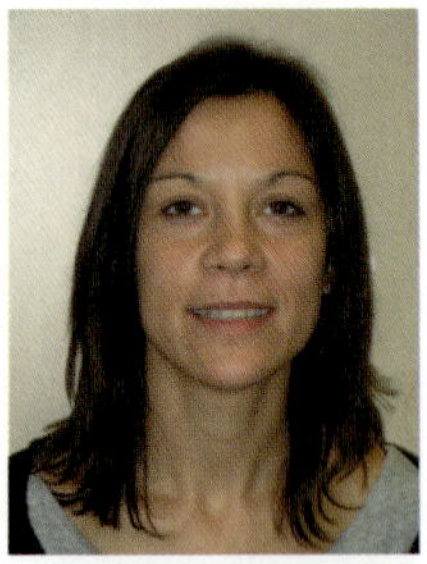

Wofür steht denn die Bezeichnung **mm** im Niederschlagsdiagramm?

Die Einheit mm gibt die Niederschlagshöhe an. 1 **mm** entspricht einem Liter Niederschlag pro m².

1. Lest für Stuttgart die monatlichen Niederschlagsmengen ab und tragt sie in eine Tabelle ein.
2. Zeichnet das Niederschlagsdiagramm für Rom in euer Heft.
3. Berechnet für die beiden Städte die Niederschlagsmengen pro Jahr.
4. Welcher der beiden Aussagen von Lisa und Fabio könnt ihr zustimmen?
5. Vergleicht die Niederschlagsmengen zweier weiterer Städte. Sucht die hierzu notwendigen Angaben im Internet.

Reisewetter

Die Schüler der Pestalozzischule finden in einem Reiseprospekt interessante Informationen zum Wetter auf Korsika.

Korsika	J	F	M	A	M	J	J	A	S	O	N	D
Tagestemperatur in °C	13	14	16	18	21	25	27	28	26	22	18	15
Nachttemperatur in °C	3	4	5	7	10	14	16	16	15	11	7	4
Sonnenstunden/Tag	4	5	6	8	10	11	12	11	9	7	5	4
Niederschlagstage/Monat	8	7	6	7	6	2	1	1	4	7	9	9
Wassertemperatur in °C	13	13	13	14	16	20	22	23	22	20	17	15
						Beste Reisezeit						

1. Wie viele Stunden scheint die Sonne durchschnittlich pro Monat/pro Jahr?
2. Berechnet, an wie vielen Tagen im Jahr es in Korsika laut Tabelle nicht regnet.
3. Zeichnet ein Diagramm für die Tages-, Nacht- und Wassertemperaturen.
4. Berechnet mit dem Taschenrechner die durchschnittliche Jahrestemperatur am Tag und in der Nacht.

Sonnenaufgang und Sonnenuntergang

Lisas Klasse hat aus den Wettervorhersagen in der Tageszeitung mehrere Sonnenaufgangszeiten und Sonnenuntergangszeiten gesammelt.

 **5:21 21:30** 

 **7:59 16:27** 

 **7:24 18:58** 

 **7:42 18:33** 

 **7:12 16:59** 

 **5:51 21:05** 

 **2:13 22:24** 

 **10:39 11:55** 

1. Berechnet die Tageslängen für alle Beispiele.
2. Welche zwei Angaben sind nicht aus Stuttgart? Begründet eure Entscheidungen.
3. Findet heraus, wann der längste/der kürzeste Tag im Jahr in Deutschland ist.
4. Ordnet die Tageslängen aus Stuttgart den folgenden Daten zu:

6.12. | 3.10. | 15.10. | 30.6. | 29.7. | 3.11.

5 Schulparty

Eine Party vorbereiten – was ist zu tun?

Um Getränke müssen wir uns nicht kümmern. Das macht die SMV. Aber verkaufen wir Snacks?

Was brauchen wir für die Dekoration?

Wann wollen wir die Party machen?

Verlangen wir Eintritt?

Wo soll die Party stattfinden? In der Aula? In der Sporthalle?

Was brauchen wir?	Was ist zu tun?	Wer ist verantwortlich?	Bis wann?
Getränke	die SMV ansprechen	Tim und Lisa	
Musikanlage	Musiklehrer ansprechen		
Termin			

1. Plant auch eine Party. Sammelt Ideen und notiert sie in einer Tabelle.
2. Stellt einen Zeitplan auf.
3. Was müsst ihr für die Party einkaufen? Überschlagt die Kosten dafür und notiert sie.

Partymusik auswählen

Sarah ist der DJ. Die Party soll 2 Stunden dauern.

01. Katy Perry/I kissed a girl	3:00
02. Rosenstolz/Gib mir Sonne	3:48
03. Coldplay/Viva la vida	4:01
04. Jason Mraz/I'm Yours	4:03
05. The Script/The man who can't be moved	4:01
06. Maria Mena/All this time (pick-me-up song)	3:16
07. Schiller mit Colbie Caillat/You	4:11
08. Peter Heppner/Alleinesein	3:27
09. Thomas Godoj/Helden gesucht	3:46
10. The Rasmus/Livin' in a world without you	3:50
11. Three Doors Down/It' not my time	4:02
12. Daughtry/Feels like tonight	3:58
13. Oomph!/Labyrinth	4:13
14. Jimi Blue/Key to the city	3:12
15. Lulu Lewe/Crush on you	3:45
16. Robyn/Be mine!	3:27
17. Vincent/This is for you	3:24
18. Shwayze/Buzzin'	3:32
19. Rhythms del mundo feat. 2Raumwohnung/36grad	3:39
20. Ich+Ich/Nichts bringt mich runter	3:38
21. Söhne Mannheims/Das hat die Welt noch nicht gesehen	5:22

1. Sarah wählt die Titel 3, 7 und 11 auf CD 1. Wie lange dauern sie jeweils?
2. Welcher Titel dauert am längsten? Welcher am kürzesten? Wie lange dauert ein Titel im Durchschnitt?
3. Wie viele Lieder kann Sarah dann ungefähr in einer Stunde spielen? Wie viele in zwei Stunden? Wie viele in einer halben Stunde? Überschlagt zuerst, rechnet dann aus und schreibt auf.
4. Sucht eigene Musik und stellt für eure Party eine Lieblingsmusikliste zusammen. Wie lang dauern die Titel insgesamt?

Ich rechne zuerst die Minuten zusammen. Dann addiere ich die Sekunden. Nun muss ich nur noch die Sekunden in Minuten umrechnen.

Zum Beispiel: 3 Min. + 4 Min. = 7 Min.
55 Sek. + 32 Sek. = 87 Sek.
87 Sek. = 1 Min. 27 Sek.
7 Min. + 1 Min. 27 Sek. = 8 Min. 27 Sek.

5 Schulparty

Partysnacks vorbereiten

Dilan, Tim, Lisa, Sarah, Kosta und Fabio haben sich für ihre Party für drei verschiedene Snacks entschieden: Chips, Popcorn und Salzstangen. Sie überlegen, wie groß die einzelnen Portionen jeweils sein sollten.

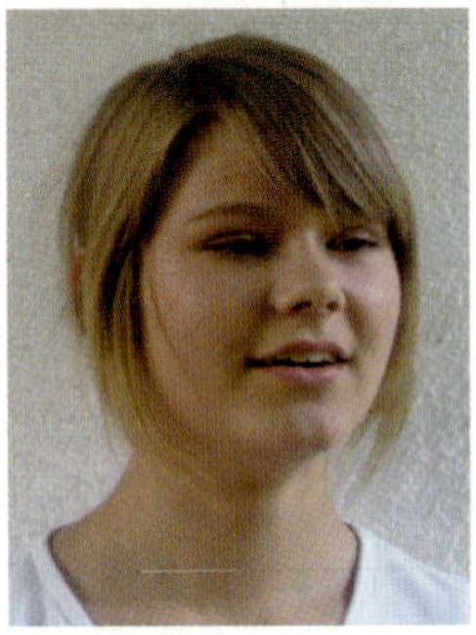

Ich liebe Popcorn. Davon könnte ich eine halbe Packung essen.

Zwei Handvoll Salzstangen, das reicht mir.

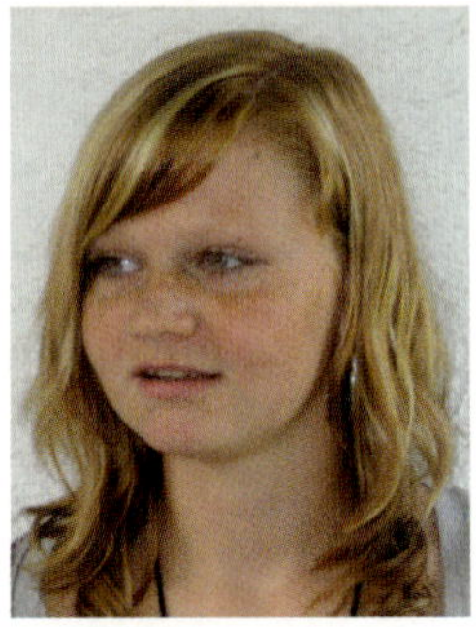

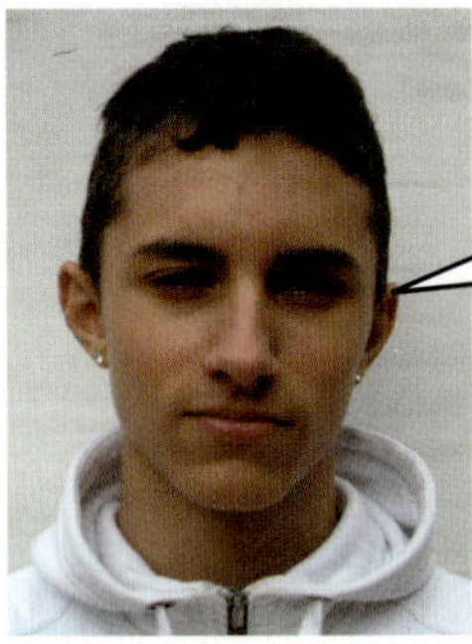

Gestern haben wir im Kino zu viert eine Packung Chips mit 200 g Inhalt gegessen.

Die Gruppe geht in den Supermarkt und kauft jeweils eine Tüte von jedem Snack.

1. Füllt die Snacks in Papiertüten oder Becher um. Legt fest, wie groß eine einzelne Portion jeweils ist.
2. Stellt fest, wie viel Gramm eine Portion jeweils wiegt.

Partysnacks vorbereiten

Die Jugendlichen haben die Snacks umgefüllt.

1. Wie viele Portionen erhaltet ihr aus einer Tüte Chips, einer Tüte Popcorn, einer Tüte Salzstangen? Schreibt die Mengen in eine Tabelle (wie unten angegeben).

1 Tüte Chips (200 g)	___ Portionen in Papiertüten	___ Portionen in Bechern
1 Tüte Popcorn (100 g)	___ Portionen in Papiertüten	___ Portionen in Bechern

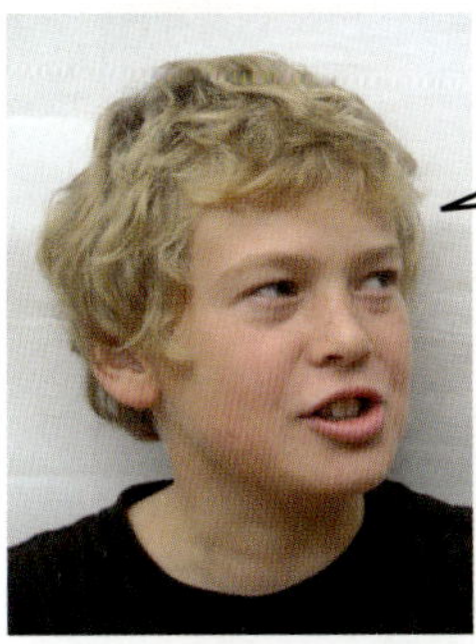

Wie viele Packungen brauchen wir dann von den Chips, dem Popcorn und den Salzstangen?

Das rechnen wir jetzt mithilfe unserer Portionen-Tabelle aus.

2. Wie viele Packungen Chips (Popcorn, Salzstangen) brauchen die Jugendlichen für die Party? Geht von einer Schüleranzahl von 100 Personen aus. Schätzt, rechnet aus und notiert.
3. Welche Snacks würdet ihr für eine Party kaufen? Schätzt, wie viele Portionen ihr benötigt. Schreibt eine Einkaufsliste.

Preise vergleichen

Für die Schulparty an ihrer Schule gehen Dilan, Tim, Lisa, Sarah, Kosta und Fabio einkaufen. Sie vergleichen im örtlichen Supermarkt die Preise.

1. Berechnet, wie viel Euro jeweils 100 g Chips und 100 g Salzstangen kosten. Beachtet dabei die verschiedenen Größen der Packungen.
2. Überlegt, welche Chips und Salzstangen am günstigsten sind.

Preise kalkulieren

Die Jugendlichen müssen nun die Preise für die einzelnen Portionen mit Salzstangen, Chips und Popcorn festlegen.

1. Für welche Packung Popcorn würdet ihr euch entscheiden? Begründet eure Antwort.
2. Übertragt den Kalkulationsplan unten in euer Heft und füllt ihn aus.
3. Legt Verkaufspreise für die Portionen fest.
4. Wie hoch ist der Gewinn bei den Chips, dem Popcorn und den Salzstangen, wenn alles verkauft wird (Gewinn = Verkaufspreis minus Ausgaben)? Rechnet und schreibt auf.

Artikel	**Anzahl der Packungen**	**Einzelpreis**	**Gesamtpreis**	**Anzahl der Portionen**	**Kosten pro Portion**
Chips					
Popcorn					
Salzstangen					

Plakate gestalten

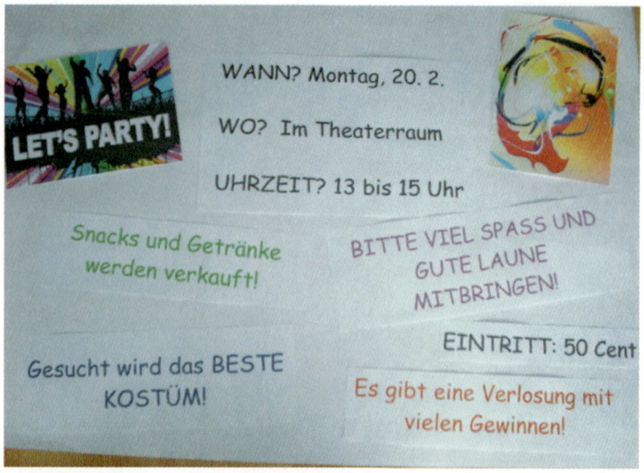

1. Vergleicht die abgebildeten Plakate. Welches Plakat beinhaltet die meisten Informationen?
2. Entwerft selbst Plakate für eine Party. Denkt an die wichtigsten Informationen (Datum, Uhrzeit, Ort).
3. Vergleicht eure Plakate hinsichtlich der Größe, der Schrift und der Größe des Plakates. Welche Schriftgröße bzw. Plakatgröße muss ein Plakat mindestens haben, damit man es auf 10 Meter Entfernung lesen kann?
4. Findet Orte, an denen ihr die Plakate aufhängen könnt. Schätzt, wie viele Schüler sie dort pro Tag sehen können.

Wer gewinnt?

Auf der Schulparty werden Spiele veranstaltet.

Es sollen Becher um die Wette gestapelt werden. Wie viele Möglichkeiten gibt es, die Becher zu stapeln? Probiert aus.

Sarah isst mit Lisa Salzstangen um die Wette. Wer die meisten Salzstangen innerhalb von 1 Minute gegessen hat, ist der Sieger. Schätzt und probiert dann selbst in einem Wettbewerb mit einem anderen Schüler aus.

Dilan spielt „Verkleiden mit drei Kleidungsstücken". Schätze, wie viele Möglichkeiten es gibt, sich zu verkleiden.

Kosta tritt gegen Fabio an: Wer bringt zuerst einen Luftballon durch Aufblasen zum Platzen? Beide blasen ihren Ballon auf, so schnell sie können. Kosta bläst kurz und schnell, Fabio hingegen bläst langsam und viel Luft auf einmal in den Ballon. Wer von beiden gewinnt? Erklärt, warum.

DSSDBK – **D**ie **S**chule **s**ucht **d**as **b**este **K**ostüm

Auf der Party gibt es eine Kostümprämierung. Gesucht wird das beliebteste Kostüm. Auf der Eintrittskarte kann im unteren Abschnitt gewählt werden. Jeder Partybesucher hat 1 Stimme. Die ersten 3 Plätze erhalten Preise. Sarah lässt sich auch zur Kostümprämierung aufstellen. Sie ist eine von 10 Teilnehmern. Neben ihr nehmen noch 3 Mädchen teil.

Wie viele Stimmen bekommt Sarah, wenn jeder 4. der 100 Wähler für sie gestimmt hat?

Die Jungen bekommen 70 Stimmen. Marc hat doppelt so viele Stimmen wie Henry. Hassan und Finn haben gleich viele Stimmen. Zusammen haben beide 20 Stimmen. Gregor und Hans haben je 4 Stimmen. Wie viele Stimmen hat jeder?

Alle 100 Wähler wählen nur die Mädchen. Alle Mädchen bekommen gleich viele Stimmen. Wie viele stimmen für Sarah und ihre Gegnerinnen?

Es sind nicht 100, sondern 140 Wähler. Wie verändern sich die Zahlen in den Knobelaufgaben?

1. Löst die Aufgaben. Schreibt Frage und Antwort in euer Heft.
2. Findet ihr eigene Knobelaufgaben? Notiert sie.

Eine Verlosung – viele Preise

Bei der Party werden auch Lose verkauft. Ein Los kostet 20 Cent. Insgesamt gibt es 1 000 Lose.

Wie viele Lose sind Gewinne? Wie viele Lose sind Nieten?

Wie viele Gewinne und Nieten wären es bei 500 Losen?

Auf der Party sind 100 Schüler. Wie viele Lose müsste jeder kaufen, damit alle Lose verkauft werden?

Tim und Jonas hätten gerne je 8 Lose. Wie viel zahlt jeder?

Fabio hat 5 Euro. Wie viele Lose kann er sich dafür kaufen?

1. Löst die Aufgaben. Findet ihr noch weitere? Schreibt sie auf.
2. Organisiert einen Losverkauf für eure Party.

Unsere Gewinne sind meist von Spendern. Wir sind zum Beispiel zu Banken im Ort gegangen und haben dort Bleistifte, Radiergummis und andere tolle Sachen bekommen.

Die Abrechnung – wie hoch ist der Gewinn?

Nach der Party werden alle Belege gesammelt.

Lasst uns doch eine Liste anlegen, damit wir einen besseren Überblick über die Belege bekommen.

Ich habe die Belege schon nach Einnahmen und Ausgaben sortiert.

Partybereiche	Ausgaben	Einnahmen
gekaufte Snacks	31,69 EUR	
Snackkasse		45,80 EUR
Eintritt (je 50 Cent)		50,00 EUR
Loskasse		199,80 EUR
geliehene Lichtanlage für einen Tag	45,99 EUR	
Gewinn:		

1. Übertragt die Tabelle in euer Heft.
2. Wie hoch ist der Gewinn? Rechnet aus und schreibt auf.
3. Welche Aktivitäten lassen sich mit dem Gewinn planen? Notiert eure Ideen.
4. Berechnet den Gewinn, den ihr auf eurer Party erzielt habt.

6 Kurs: Sicher rechnen

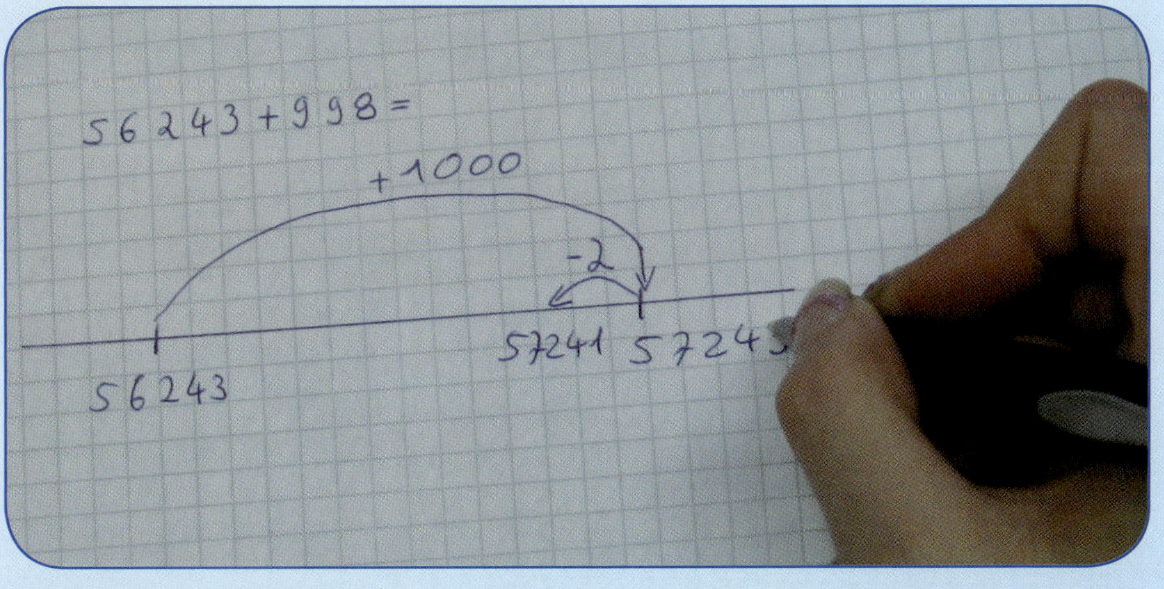

Rechenkonferenz: Geschickt im Kopf rechnen

Puh, die Aufgaben sehen schwierig aus.

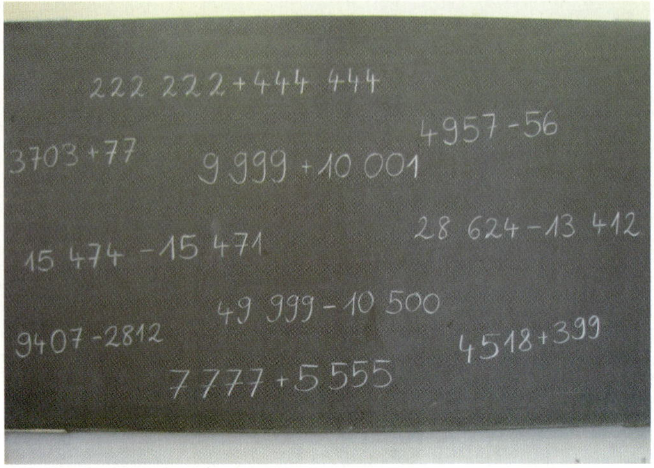

Wenn die Zahlen bei Minusaufgaben nah beieinanderliegen, kann man ergänzen.

Wenn du die Zahlen genau anschaust, kannst du einige der Aufgaben im Kopf lösen.

Bei Aufgaben mit 9, 99, 999 oder 9 999 denke ich mir noch 1 dazu und gleiche am Ende wieder aus.

1. Welche Aufgaben könnt ihr im Kopf rechnen? Wie rechnet ihr?
2. Erklärt euch gegenseitig eure Rechenwege. Welche Wege sind besonders geschickt?
3. Bei welchen Aufgaben könnt ihr Dilans oder Fabios Strategie verwenden?
4. Bildet mit diesen Zahlen Aufgaben, die ihr im Kopf lösen könnt:

12 345	8 888	20 202	100 001
303 030	8 889	54 321	99 994

Einfach oder schwierig?

96 : 8 | 76 : 4 | 468 : 2 | 77 : 7 | 112 : 7

12 · 7 | 14 · 8 | 54 · 3 | 250 · 4 | 6 · 6 · 6

135 : 9 | 22 · 22 | 88 : 4 | 50 · 17 | 105 : 15

Beim Dividieren durch 2, 4 und 8 berechne ich immer die Hälfte, dann wieder die Hälfte, und dann wieder …

Das kann man bei Divisions-Aufgaben auch machen. 96 : 8 zerlege ich in 80 : 8 und dann 16 : 8.

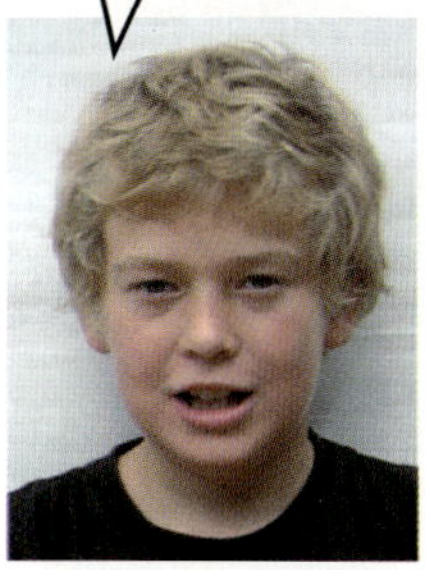

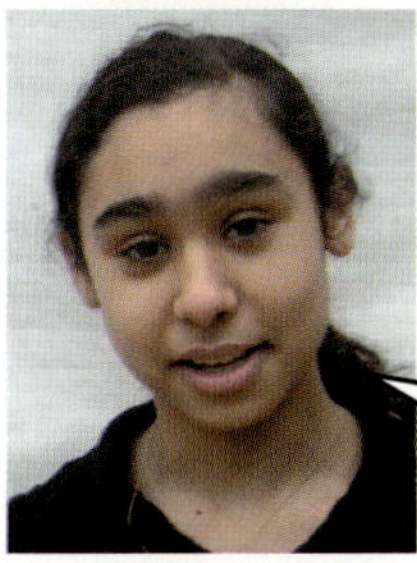

Komplizierte Malaufgaben zerlege ich in mehrere einfache Aufgaben: 14 · 8 zerlege ich in 10 · 8 und 4 · 8.

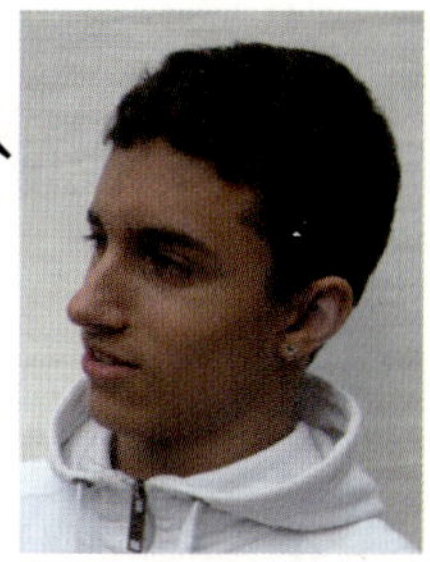

1. Löst die Aufgaben. Welche der Aufgaben könnt ihr im Kopf rechnen? Wie rechnet ihr?
2. Erklärt euch gegenseitig eure Rechenwege. Welche Wege sind besonders geschickt?
3. Bei welchen Aufgaben könnt ihr Tims, Dilans oder Fabios Strategie verwenden?
4. Erfindet eigene Aufgaben, die ihr im Kopf rechnen könnt.
5. Bildet mit diesen Zahlen Aufgaben, die ihr im Kopf lösen könnt:

2 | 2400 | 84 | 48 | 6 | 63 | 9 | 1800

20 | 5 | 8 | 600 | 7 | 54 | 4 | 100 | 3 | 180

Dezimalzahlen runden

Ich muss runden, aber wie?

Beim Rechnen mit Geld musst du auf 2 Stellen nach dem Komma runden, sonst macht es keinen Sinn.

Auf 2 Stellen nach dem Komma zu runden bedeutet, dass die dritte Stelle entscheidet.

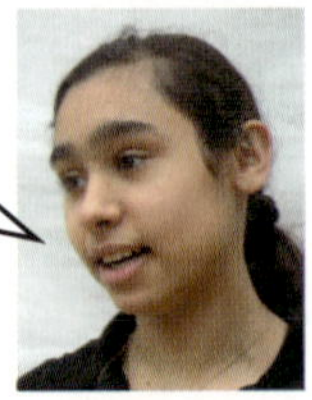

	Äpfel	Preise	
: 7	7 Äpfel	1,80 EUR	: 7
	1 Apfel	= [redacted]	

Bei 0, 1, 2, 3, 4 runden wir ab. Bei 5, 6, 7, 8, 9 runden wir auf. Gerundete Ergebnisse schreiben wir mit dem „Ungefähr“-Zeichen auf: ≈

1. Berechnet jeweils die Preise für 1 Stück mit dem Taschenrechner. Rundet wie im Beispiel und notiert die Aufgaben im Heft.

1,48 EUR

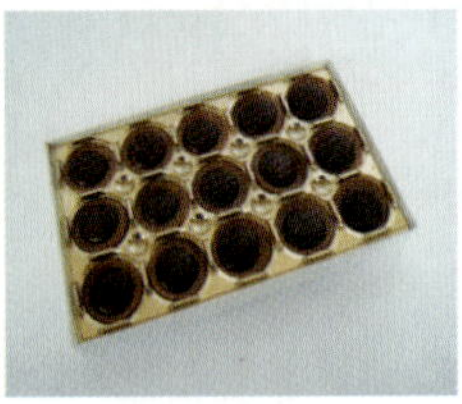

0,99 EUR

1,39 EUR

1,99 EUR

2,99 EUR

2. Welche Kaugummis sind am günstigsten? Vermutet zuerst. Berechnet dann die Einzelpreise mit dem Taschenrechner und rundet.

3. Rundet auf 3 Stellen nach dem Komma.

0.3974128 | 2.48178291 | 14.1298451 | 1.57942362

Richtig oder falsch?

5432 − 1899 = 4467

Tim

Das Ergebnis ist falsch. Es kann nicht größer als 4 000 sein.

Ich glaube, ich verstehe, was Tim falsch gemacht hat.

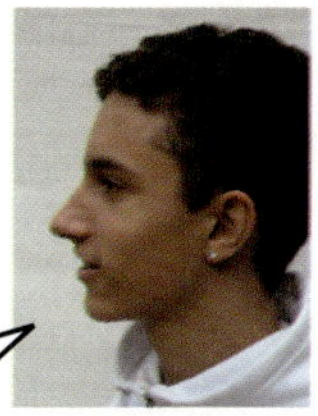

1. Kosta und Fabio haben sofort erkannt, dass Tim falsch gerechnet hat. Wie haben sie das erkannt, ohne genau nachzurechnen? Was meint Fabio? Erklärt.

```
  101593
−   9999
  111594
```
Tim

```
12488 : 4 = 3122
12000 : 4 = 3000
  400 : 4 =  100
   88 : 4 =   22
```
Dilan

500 001 + 599 999 = 1 000 000

Kosta

```
6666 · 66
 39960
  39996
 439596
```
Lisa

Äpfel	Preis
7	180 €
1	≈ 0,26 €
10	≈ 2,57 €

(: 7, · 10)

Fabio

```
41266 : 5 = 8253
-40
  12
 -10
   26
  -25
    16
   -16
     0
```
Von Sara

2. Hier sind 5 Aufgaben falsch. Findet sie, ohne genau nachzurechnen. Schreibt die Aufgaben in euer Heft und rechnet sie richtig aus.

811 : 9

5000 : 249

9 · 9 · 9 · 9

20000 − 18999

9876 + 124,567

100100 : 3

4040 + 4040

200,12679 : 2

Ergebnisse

< 1000	1000 < … < 10000	10000 <

3. Übertragt die Tabelle in euer Heft.
4. Überschlagt die Ergebnisse und tragt die Aufgaben in die Tabelle ein.
5. Berechnet nur die Aufgaben in der mittleren Spalte. Löst die anderen Aufgaben mit dem Taschenrechner. Rundet auf 2 Stellen nach dem Komma.

Welche Geschichte passt?

In einer Firma sind 6580 Personen beschäftigt. 470 davon sind älter als 55 Jahre.
Tim

Ein Kleinlastwagen wiegt leer 6580 kg. Er wird mit 470 kg beladen.
Sarah

In einer Firma arbeiten 6580 Personen an 470 Maschinen.
Kasta

6 580 − 470

Tim fährt mit dem Fahrrad zum Fußballplatz. Er liegt 6,58 km entfernt. 470 Meter ist Tim schon gefahren.
Fabi

Tims Vater möchte sich ein Auto für 6580 € kaufen. Der Händler gibt ihm einen Rabatt von 470 €.
Dilan

Tim fährt mit dem Fahrrad zum Fußballplatz. Er liegt 6580 m entfernt. Unterwegs zählt Tim 470 Straßenlaternen.
Lisa

1. Welche der Rechengeschichten passen zur Aufgabe? Begründet.
2. Findet passende Aufgaben für die anderen Rechengeschichten und schreibt sie in euer Heft.
3. Erfindet jeweils zwei Rechengeschichten zu diesen Aufgaben. Schreibt sie in euer Heft.

   50 000 − 24 500 | 15 · 45 | 349 + 59 | 575 : 5

4. Vergleicht eure Rechengeschichten in einer Rechenkonferenz.

Rechenfragen

Herr Fröhlich fährt jeden Tag mit dem Auto von Bonn nach Köln zur Arbeit. Das sind jeweils 34 Kilometer. Sein Auto verbraucht etwa 7 l Benzin auf 100 km. Der Preis für einen Liter Benzin beträgt zurzeit 1,46 EUR. Im Parkhaus muss er pro Monat 35 EUR Parkgebühr bezahlen.
Herr Fröhlich könnte auch mit der Bahn zur Arbeit fahren. Eine einfache Fahrt kostet 6,60 EUR. Eine Monatskarte kostet 173,20 EUR.

a) Wie viel Benzin verbraucht Herr Fröhlich im Monat?

b) Wie viel kostet ein Bahnticket von Bonn nach Köln?

c) Ist Herr Fröhlich schneller mit dem Auto oder mit dem Zug bei der Arbeit?

d) Wäre es für Herrn Fröhlich günstiger, mit dem Zug zur Arbeit zu fahren?

e) Wie viele Kilometer fährt Herr Fröhlich in der Woche? Wie viele im Monat?

f) Wie weit sind die Städte Köln und Bonn voneinander entfernt?

g) Was kosten 50 Liter Benzin?

h) Wie heißt Herr Fröhlich mit Vornamen?

1. Welche Fragen könnt ihr aus dem Text beantworten? Beantwortet sie.
2. Bei welchen Fragen müsst ihr rechnen? Löst sie.
3. Welche Fragen könnt ihr nicht beantworten? Begründet.
4. Welche Frage findet ihr am einfachsten? Welche am schwierigsten? Begründet.

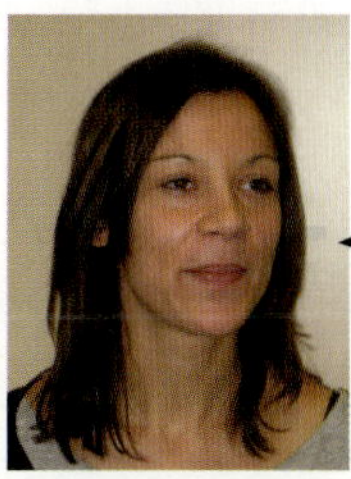

Denkt euch eigene Fragen aus. Schreibt sie auf Karteikarten. Löst eure Fragen gegenseitig.

Das Haus vom habgierigen Heinz

Das Haus vom habgierigen Heinz hat 4 Stockwerke.
In jedem Stockwerk gibt es 5 Zimmer.
In jedem Zimmer stehen 6 Schränke.
Jeder Schrank hat 7 Schubladen.
In jeder Schublade befinden sich 8 Schachteln.
In jeder Schachtel bewahrt der habgierige Heinz
9 Umschläge auf.
In jedem Umschlag sind 10 kleine Tütchen mit jeweils 11 Cent.

Als der habgierige Heinz gestorben war, wurde das Geld unter seinen 12 Söhnen Heini, Heino, Heiner, Heinrich, Hans, Hugo, Harry, Holger, Herbert, Hagen, Hubert und Horst gerecht verteilt.

Wie viel Geld hat jeder der Söhne bekommen?

Auf einem Lastwagen stehen mehrere Käfige mit Tauben und Kaninchen. Insgesamt haben die Tiere 35 Köpfe und 94 Füße. Wie viele Tauben und wie viele Kaninchen sind in den Käfigen?

Wenn du alle Zahlen von 1 bis 10 addierst, anschließend das Ergebnis durch 5 teilst, dann 10 000 dazuzählst und wieder 1 abziehst, erhältst du meine Zahl.

Wie heißt meine Zahl?
Ich addiere zuerst 12 und 16. Dann teile ich das Ergebnis durch 7 und multipliziere anschließend mit 4.
Am Ende subtrahiere ich noch 16.

Das Haus der hektischen Helene

Im Haus der hektischen Helene gibt es 10 Eingangstüren. 11 Treppen führen zu den 12 Wohnungen. In jeder Wohnung gibt es 13 Zimmer. In jedem Zimmer hängen 14 Uhren. Jede Uhr zeigt 15 Uhr.
Wie spät ist es?

Ich nehme 5 mal 5. Zum Ergebnis zähle ich 24 dazu. Danach teile ich durch 7 und nehme das Ergebnis mal 100. Dann zähle ich noch 80 dazu und ziehe noch 3 ab. Dann erreiche ich meine Zahl.

Ich denke mir eine Zahl. Ich nenne sie „**X**“.

Wenn ich zu **X** 14 dazuaddiere und anschließend verdopple, erhalte ich 100.

Wie heißt meine Zahl **X**?

Ich denke mir eine Zahl. Ich nenne sie „**X**“. Wenn ich **X** mit 4 multipliziere und anschließend 6 addiere, das Ergebnis mal 10 nehme und danach wieder durch 5 teile und zum Schluss noch 19 subtrahiere, erhalte ich 1. Wie heißt meine Zahl **X**?

Ich denke mir eine Zahl. Ich nenne sie „**X**“. Wenn ich **X** halbiere und anschließend noch 60 subtrahiere, erhalte ich 190. Wie heißt meine Zahl **X**?

Ein Mann hat 6 Töchter. Jede Tochter hat einen Bruder. Wie viele Kinder hat der Mann?

Ein Flugzeug braucht von Hamburg bis Wien 1 Stunde und 52 Minuten. Für den Rückweg von Wien nach Hamburg benötigt die gleiche Maschine jedoch 112 Minuten. Wie kannst du das erklären?

Ich rechne zuerst 100 minus 1. Das Ergebnis dividiere ich durch 3, anschließend addiere ich 7. Diese Zahl verdopple ich und subtrahiere sogleich wieder 14. Das Ergebnis halbiere ich und multipliziere anschließend mit 3. Am Ende addiere ich noch 1 dazu. Wie heißt meine Zahl?

Zahlen in der Kunst

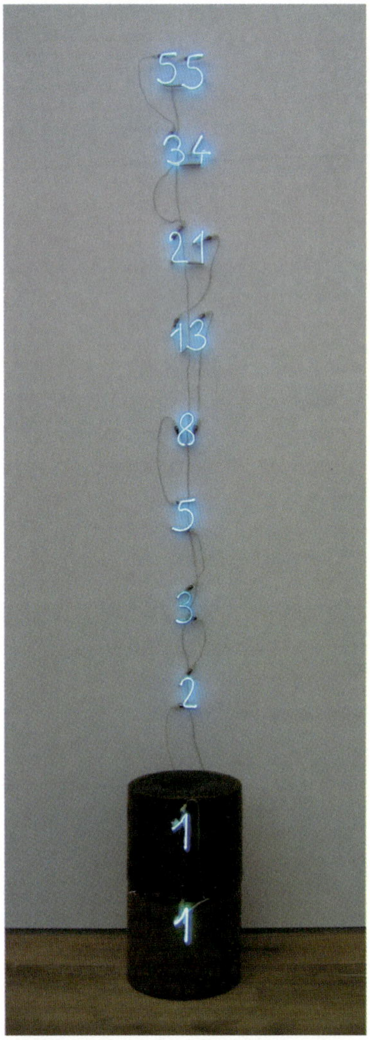

Mario Merz: Zahlensäule, 1986

Mario Merz: Ziffern im Wald, 2003

Der italienische Künstler Mario Merz hat Zahlen nach einer bestimmten Regel in Neonschrift dargestellt.

1. Findet heraus, nach welcher Regel die Zahlenfolge gebildet wurde.
2. Setzt die Zahlenfolge möglichst weit fort. Sie ist übrigens unendlich.
3. Welche Zahlen erkennt ihr beim Lichtobjekt „Ziffern im Wald“?
4. An welcher Stelle stehen sie in der Zahlenfolge?

7 Kochtraining

Rezepte berechnen

Eine Schülergruppe hilft in der Mensa beim Kochen des Mittagessens. Gemeinsam mit der Köchin der Schule, Frau Sulthus, überlegen sie sich den Speiseplan für die nächste Woche.

Speiseplan für die Woche vom [redacted] **bis** [redacted]				
Montag	**Dienstag**	**Mittwoch**	**Donnerstag**	**Freitag**
Kartoffelsuppe	Tortellini in Brokkoli-Sahne-Soße	Kartoffelgratin mit Würstchen	Schlemmer-Toast	Seelachsfilet mit Reis und Zucchini-Tomaten-Gemüse
Pfannkuchen mit Äpfeln	Stracciatella-Joghurt	Obstsalat	Früchtequark	Schokoladenpudding

In der Waldschule wird die Anzahl der Essen in einen Plan eingetragen, damit die Kochgruppe weiß, wie viele Schülerinnen und Schüler in der nächsten Woche beim Essen teilnehmen. So kann die Gruppe den Einkauf genau planen.

1. Übertragt die Tabelle in euer Heft und berechnet die Anzahl der Essen für jeden Tag.

Meldungen für die Woche vom [redacted] **bis** [redacted]									
Klassen	**Hort**	**4**	**5**	**6**	**6/7**	**8**	**9**	**Lehrer (Kürzel!)**	**Gesamt**
Montag	5	5	6	2	4	3	2	Ja, Rei, Eg, AW, Sch	
Dienstag	5	3	4	2	5	6	2	Ja, Rei, Ra	
Mittwoch	7	6	7	4	5	7	4	Eg, Sch, Mü, AW, La	
Donnerstag	5	7	6	3	5	-	-	Ja, Mü, La, Ra	
Freitag	6	6	6	2	6	5	4	Ra, Ja, Eg, AW, Mü	
Preis pro Mittagessen: Schüler 1,90 EUR; Hortkinder 1,30 EUR; Lehrkräfte 2,75 EUR									

2. Berechnet die Einnahmen der Schule für die gesamte Woche.

Rezepte berechnen

Zu den Aufgaben der Schülergruppe gehört es, die Zutatenliste für Frau Sulthus zu schreiben. Die Jugendlichen beginnen mit den Rezepten für Montag:

Kartoffelsuppe
Zutaten für 6 Portionen:
3 Zwiebeln
1,2 kg Kartoffeln
3 Karotten
3 Stangen Lauch
1 Esslöffel Öl
1 $^1/_2$ l Wasser
Gemüsebrühe, Salz, Pfeffer,
Tomatenmark zum Abschmecken

Pfannkuchen mit Äpfeln
Zutaten für 4 Portionen:
250 g Mehl
4 Eier
400 ml Milch
500 g Äpfel
Öl für die Pfanne

Ich weiß, wie viele Zutaten ich für 6 Personen benötige. Also berechne ich erst die Menge für 1 Person. Danach kann ich ausrechnen, wie viel ich für 32 Personen brauche.

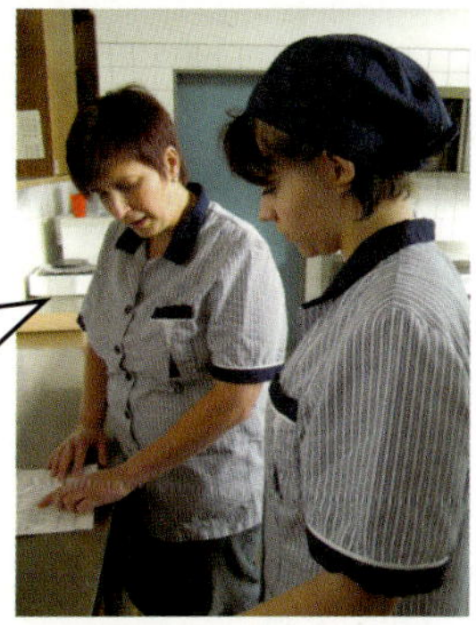

Zwiebeln:

	Personenanzahl	Menge
	6	3
:6	1	$^1/_2$
	32	

Kartoffeln:

Personenanzahl	Menge
6	1 200 g
1	
32	

1. Rechnet im Heft weiter aus, wie viel von den jeweiligen Zutaten am Montag gebraucht wird. Berechnet auch die Zutaten für das Dessert.
2. Schreibt eine Zutatenliste für die Lebensmittel, die am Montag benötigt werden.
3. Sucht Rezepte und kocht das Mittagessen für die Schüler an eurer Schule.

Rezepte berechnen

Lisa soll die Liste der Zutaten für Dienstag und Donnerstag schreiben. Nun will sie die Mengen berechnen.

Tortellini in Brokkoli-Sahne-Soße
Zutaten für 2 Portionen:
250 g Tortellini
450 g Brokkoli
500 ml Gemüsebrühe
220 g Sahne
30 g Margarine
20 g Mehl
Salz, Pfeffer, Paprikapulver (edelsüß)

Stracciatella-Joghurt
Zutaten für 4 Portionen:
500 g Naturjoghurt
20 g Zucker
80 g geraspelte Schokolade

1. Rechnet im Heft aus, wie viel von den Zutaten am Dienstag und Donnerstag jeweils gebraucht wird.

Tortellini:

Personenanzahl	Menge
2	250 g
1	125 g

Brokkoli:

Personenanzahl	Menge
2	450 g
1	

2. Schreibt eine Zutatenliste für die Rezepte am Dienstag und Donnerstag.

Schlemmer-Toast
Zutaten für 6 Portionen:
18 Scheiben Toast
125 g Geflügelsalami
270 g Putenschinken
320 g geriebener Emmentaler
240 g Schmelzkäse
185 g Schmand

Früchtequark
Zutaten für 6 Portionen:
500 g Magerquark
230 ml Milch
275 g frisches Obst
40 g Zucker

Am Donnerstag sind 30 Personen zum Essen gemeldet. Dann kann ich doch gleich mal 5 rechnen.

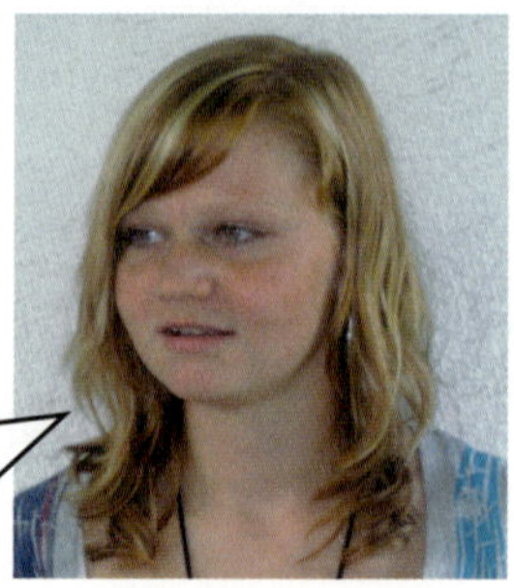

Packungsgrößen

Im Supermarkt sind die Zutaten in verschiedenen Packungsgrößen zu finden.

1. Wie viele Lebensmittelpackungen braucht ihr für das Rezept „Tortellini mit Brokkoli-Sahne-Soße“? Geht bei der Menge von eurer Umrechnung des Rezepts aus. Übertragt die unten dargestellte Tabelle in euer Heft.
2. Sucht zu Hause nach fehlenden Zutaten und vervollständigt die Tabelle mit allen Lebensmitteln, die ihr für das Rezept benötigt.

Lebensmittel	**Benötigte Menge (Rezept)**	**Mengenangabe auf der Packung**	**Anzahl der Packungen**	**Restmenge**
Tortellini				
Brokkoli				
Sahne				
Gemüsebouillon				

3. Sucht eigene Rezepte.
   a) Erstellt selbst eine Tabelle für die Mengen und Packungen.
   b) Kauft im Supermarkt die benötigten Mengen nach der Tabelle.

Kochduell

Veranstaltet ein Kochduell. Jede Gruppe erhält folgende Lebensmittel und entscheidet sich für ein Rezept.

1. Welche der folgenden Rezepte können mit diesen Zutaten gekocht werden?

Kartoffelpüree (für 4 P.):

Zubereitungszeit: ca. 25 Min.

1 kg Kartoffeln
1 TL Salz
$^1/_4$ l Milch
Butter
Salz, Muskat

Zubereitung:

1. Geschälte und klein geschnittene Kartoffeln 20 Min. im Salzwasser kochen.
2. Wenn die Kartoffeln gar sind, abgießen.
3. Die Kartoffeln zerdrücken.
4. Kochende Milch und ein Stück Butter mit dem Kartoffelbrei verrühren.
5. Mit Salz und Muskatnuss würzen.

Kochduell

Bratkartoffeln (für 4 P.):

1 kg Kartoffeln — Zubereitungszeit: 20 Min.
2 EL Öl — Kochzeit Kartoffeln: 25 Min.
3 Zwiebeln

Zubereitung:
1. Kartoffeln in einem Topf mit Wasser 20 Minuten kochen lassen.
2. Kartoffeln kurz ausdampfen lassen und noch warm pellen.
3. In Scheiben schneiden.
4. Öl in einer Pfanne erhitzen und die Kartoffelscheiben darin anbraten.
5. Klein geschnittene Zwiebeln darüber geben und kurz schmoren lassen, ab und zu alles wenden.
6. Mit Salz und Pfeffer würzen.

Kartoffelgratin (für 4 P.):

1 kg Kartoffeln — Zubereitungszeit: 20 Min.
250 ml Milch — Garzeit: 20–25 Min.
200 g Sahne
1 Zwiebel
Salz, Pfeffer
200 g geriebener Käse

Zubereitung:
1. Kartoffeln waschen und schälen.
2. Kartoffeln roh in dünne Scheiben schneiden.
3. Milch, Sahne, klein geschnittene Zwiebeln und Kartoffeln im Topf kochen, mit Salz und Pfeffer würzen.
4. Auflaufform mit dem Gemisch füllen, mit Käse bestreuen.
5. Bei 220 Grad ca. 20 Minuten im Ofen überbacken.

Kartoffelpuffer (für 4 P.):

1 kg Kartoffeln — Zubereitungszeit: 20 Min.
3 Zwiebeln — Kochzeit: 20–25 Min.
8 EL Mehl
2 Eier
Salz, Pfeffer
Öl

Zubereitung:
1. Kartoffeln waschen und auf der großen Reibe reiben.
2. Mit viel Salz und wenig Pfeffer würzen.
3. Eier und gewürfelte Zwiebeln zu den Kartoffeln geben.
4. Mit etwas Mehl bestäuben und verrühren.
5. In einer Pfanne etwas Öl erhitzen.
6. Portionsweise Kartoffelmasse in die Pfanne geben.
7. Die Kartoffelpuffer von beiden Seiten anbraten.
8. Auf Küchenpapier abtropfen lassen.

Kartoffelsuppe (für 4 P.):

500 g Kartoffeln — Zubereitungszeit: ca. 20 Min.
3 große Möhren — Kochzeit: 40 Min.
30 g Butter
1 Zwiebel
2 EL Mehl
2 l Wasser
Salz, Pfeffer

Zubereitung:
1. Rohe Kartoffeln und Möhren schälen und würfeln.
2. Zwiebelstücke in einen Topf mit Butter geben und andünsten.
3. Möhren und Kartoffeln dazugeben.
4. Das Ganze mit Mehl bestäuben.
5. 2 Liter Wasser dazugeben und 40 Minuten kochen lassen.
6. Die Suppe pürieren und mit Salz und Pfeffer würzen.

1. Benötigt man für eines der 5 Rezepte alle Lebensmittel?
2. Für welche Rezepte braucht man nur einen Teil der Lebensmittel? Notiert (mit Mengenangaben).
3. Welche Lebensmittel bleiben übrig?
4. Wie viel g oder kg wiegen die Speisen jeweils?
5. Reichen 5 kg Kartoffeln, wenn alle Rezepte gekocht werden würden?
6. Wie lange dauert das Herstellen der Gerichte jeweils? Reicht eine Doppelstunde?
7. Wann muss man mit dem Kochen beginnen, wenn das Essen um 12:50 Uhr fertig sein soll?

Pizza selber machen oder kaufen

Sarahs Klasse möchte gemeinsam Pizza essen. Es soll möglichst günstig sein, denn in der Klassenkasse ist nicht mehr viel Geld.

Wir sind 12 Schüler in unserer Klasse … Ich rufe beim Pizza-Bringdienst an!

Lasst uns doch im Supermarkt Pizza kaufen. Oder wir machen Pizza selber!

Diese Pizza aus dem Tiefkühlregal des Supermarktes reicht für 1 Person.

Stellen Sie sich Ihre Pizza nach eigenem Wunsch zusammen.
Margherita + jede weitere Zutat bei M + L = 0,50 EUR XL + XXL = 1,00 EUR
*ausgezeichnete Zutaten, zusätzl. M + L = 1,00 EUR XL + XXL = 2,00 EUR

Zutaten:

Artischocken,	Oliven,	Mozzarella,	Putenbruststreifen,*
Gorgonzola,	Vorderschinken,	Thunfisch,	Schwarzwälder Schinken,
Spargel,	Salami,	Kidneybohnen,	Krabben,*
Ei/Spiegelei,	Speck,	Spinat,	Meeresfrüchte,*
Paprika,	Pilze,	Erbsen,	Brokkoli,
Schafskäse,	Zwiebeln,	Sardellen,	Kapern,
Peperoni,	Bolognese,	frische Tomaten,	Mais

Pizza-Bringdienst Cannstatt

alle Pizzen mit Tomatensoße und Käse

M = rund, 26 cm, für den kleinen Hunger
L = rund, 30 cm, für 1 Person
XL = Familien-Pizza, 33 x 46 cm, rechteckig, für 2–3 Personen
XXL = Party-Pizza, 40 x 60 cm, rechteckig, für 4–5 Personen

	M	L	XL	XXL
01. **Margherita**	4,00	5,50	12,00	16,00
02. **Salami**	4,50	6,00	13,00	17,00
03. **Schinken**	4,50	6,00	13,00	17,00
04. **Pilze**	4,50	6,00	13,00	17,00
05. **Schinken/Pilze**	5,00	6,50	14,00	18,00
06. **Tonno** (Thunfisch, Zwiebeln)	5,00	6,50	14,00	18,00
07. **Hawai** (Schinken, Ananas)	5,00	6,50	14,00	18,00
08. **Schinken, Salami, Pilze**	5,50	7,00	15,00	19,00
09. **Vier Käse** (Edamer, Gorgonzola, Mozzarella, Parmesan)	5,50	7,00	15,00	19,00
10. **Vier Jahreszeiten** (Salami, Schinken, Pilze, Artischocken je 1/4)	5,50	7,00	15,00	19,00
11. **Regina** (Mais, Spargel, Paprika, Brokkoli)	5,50	7,00	15,00	19,00
12. **American** (Salami, Speck, frische Tomaten, Zwiebeln)	5,50	7,00	15,00	19,00
13. **Suprema** (Salami, Schin,, Pilze, Peperoni, Paprika, Mais, Oliven, Artischocken)	6,00	7,50	16,50	21,00
P1. **Calzone mit drei Zutaten** (Salami, Schinken, Pilze)		7,00		
P2. **Atlantika** (Lachs, Gorgonzola, Spinat, Brokkoli, Schmand)		7,00		
P3. **Feldberg** (Schmand, Schinken, Sauerkraut, Speckwürfel, Knoblauch)		7,00		
P4. **Hüttenzauber** (Tomaten, Spinat, Salami, Speck, Sauerkraut, Knoblauch)		7,00		
P5. **Mexicana** (Mais, Paprika, Bohnen, Knoblauch, Hackfleisch, Pep., Zwiebeln, Chili)		7,00		
P6. **Seppel** (Schnitzel, Paprika, Pilze)		7,00		
P7. **Schabe** (Maultaschen, Ei, Zwiebeln)		7,00		
P8. **Diabolo** (Bolognese, Peperoni scharf, Zwiebeln, Speck, Salami)		7,00		
14. **Pizzabrot** (Olivenöl, Knoblauch, Gewürze)		3,00		
15. **Pizzabrot** (Tomatensoße, Knoblauch, Gewürze)		3,00		
16. **Pizzabrot** (Kräuterbutter)		3,00		
17. **Pizzabrot** (Käse)		4,50		
18. **Flammkuchen**		5,00		

1. Berechnet den Gesamtpreis für die Klasse, wenn die Pizzen im Supermarkt gekauft werden.
2. Berechnet den Gesamtpreis für die Klasse, wenn die Pizza (mit Schinken, Salami und Champignons) vom Pizzabringdienst geordert wird. Schreibt die Rechnungen in euer Heft.

Pizza selber machen oder kaufen

Pizza vom Blech (Rezept für 4 Personen):

Für den Teig:
250 g Mehl
$^1/_2$ Päckchen Hefe
125 ml lauwarmes Wasser
1 Prise Salz
3 EL Öl

Für die Tomatensoße:
1 Packung passierte Tomaten
1 Tube Tomatenmark
Basilikum, Oregano, Majoran, Paprika (süß), Salz, Pfeffer

Für den Belag:
200 g geriebener Käse
200 g gekochter Schinken
400 g Champignons
200 g Salami

Zubereitung:
Alle Zutaten für den Teig in eine Rührschüssel füllen und zu einem glatten Teig verkneten.

1. Was kostet die Pizza, wenn ihr sie nach dem obigen Rezept backt? Die Bilder helfen euch bei der Rechnung.

2. Das Rezept reicht für 4 Personen. Wie viel kostet es, die Pizza für die ganze Klasse zu backen? Rechnet aus und schreibt auf.
3. Vergleicht die Preise der selbst gemachten Pizza, der Pizza vom Bringdienst und der gekauften Pizza. Welche Pizza ist für die Klasse am günstigsten? Rechnet aus und schreibt auf.
4. Welche Mengen braucht ihr für eure Klasse? Rechnet aus, kauft ein und backt für eure Klasse Pizza.

Inventur in der Schulküche

Dilan findet einige Lebensmittelverpackungen, die geöffnet sind. Sie soll notieren, wie viel Inhalt sich noch in den Packungen befindet.

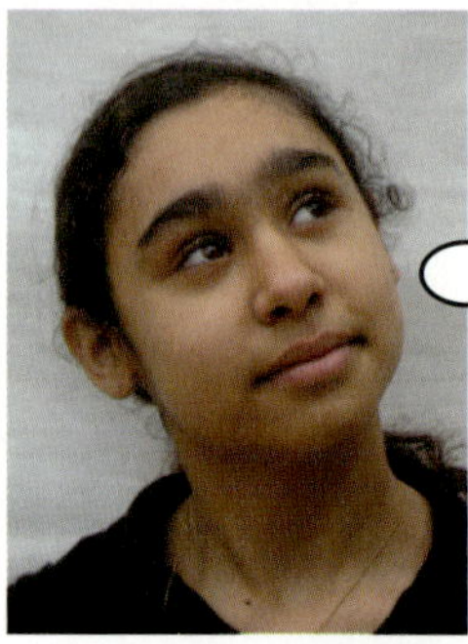

Ich schätze einfach: Ungefähr drei Viertel der Flüssigkeit aus der Balsamico-Flasche ist schon verbraucht worden.

1. Schätzt die noch vorhandenen Mengen Vollkornhörnchen, Mehl, Öl und Essigcreme.
2. Ordnet die Restmengen den geöffneten Verpackungen zu und schreibt sie in euer Heft: 1/2, 1/4, 1/3, 3/4.
3. Tragt die zugeordneten Mengen in eine Inventurliste ein.
4. Sucht in eurer Schulküche nach geöffneten Packungen von Lebensmitteln. Findet heraus, wie viel Inhalt noch darin ist.

Inventur in der Schulküche

Die Schüler sollen notieren, welche Lebensmittel in den Schränken der Schulküche gelagert sind. Dilan erstellt eine Liste und trägt ein. Außerdem schreibt sie gleich die Maßangaben dazu.

Lebensmittel	Menge	Menge (kg/g/ml/l)	Haltbarkeit
Spaghetti	2 Packungen	1 kg	
passierte Tomaten	4 Packungen	1 500 g	
Mais	3 Dosen	855 g	
Mehl	1 verschlossene Packung		
Vollkornnudeln, Hörnchen	6 Packungen		
Sahne	2 Becher	400 g	

1. Übertragt die Tabelle in euer Heft.
2. Ergänzt dann die fehlenden Maßangaben.

Dilan schaut auch nach dem Mindesthaltbarkeitsdatum (MHD) auf der Verpackung der Lebensmittel. Die abgelaufenen Lebensmittel wirft sie weg.

3. Könnt ihr Dilan helfen? Welche der abgebildeten Lebensmittel können nicht mehr verwendet werden?
4. Tragt die noch haltbaren Lebensmittel in die Tabelle ein.
5. Geht in den Supermarkt. Schätzt, welche Lebensmittel noch lange haltbar sind und welche nur kurz haltbar sind.
6. Sucht im Supermarkt Lebensmittel, die 1 Jahr bzw. 3 Jahre haltbar sind.

Drei-Gänge-Menü

Sarahs Klasse möchte ein Menü kochen. Sarah hat noch 11 Mitschülerinnen in ihrer Klasse, die sie beim Kochen einplanen kann. Die Klasse möchte in Gruppen kochen.

Die Klasse entscheidet sich für folgende 3 Gänge:

Gemüselasagne (für 4 P.):
1 kleine Zucchini (ca. 150 g)
1 rote und 1 gelbe Paprika
1 Gemüsezwiebel
1 Knoblauchzehe
3 EL Olivenöl
400 ml Tomatenpüree
100 ml Gemüsebrühe
2 EL Basilikum, frisch gehackt
1 Becher saure Sahne
50 ml Milch
1 Ei
Salz, Pfeffer, Muskatnuss
200 g Lasagneblätter
200 g geriebenen Käse

Zubereitung:
1. Gemüse putzen und waschen
2. Gemüse in kleine Würfel schneiden
3. Knoblauchzehe schälen und zerkleinern
4. …

Gemischter Salat (für 4 P.)
1 Eisbergsalat (oder Kopfsalat)
1 Dose Mais
1 rote und 1 grüne Paprika
1/2 Gurke
5 Tomaten
100 g Champignons
125 g Mozarella
50 g Pinienkerne
7 EL Olivenöl
2 EL Balsamicoessig
1 TL Senf
Salz, Pfeffer, Kräuter

Zubereitung:
1. Gemüse waschen
2. Salat putzen
3. …

Vanillecreme mit Schokolade (für 4 P.)
1 Päckchen Vanillepudding
1/2 l Milch
4 EL Zucker
200 g Sahne
1 Tafel Zartbitterschokolade

Zubereitung:
1. Pudding nach Anleitung kochen
2. Pudding in die Schüssel füllen
3. …

1. Rechnet die Mengen der Zutaten für die Klasse um.
2. Schreibt einen Einkaufszettel mit allen Zutaten. Welche Lebensmittel müssen nicht eingekauft werden?
3. Erstellt selbst ein Menü, schreibt einen Einkaufszettel dafür und kauft ein. Welche Lebensmittel sind in eurer Schulküche für diese Rezepte noch da?
4. Was kostet der Einkauf insgesamt?
5. Was kostet das Menü für eine Person?

8 Kurs: Geometrie II

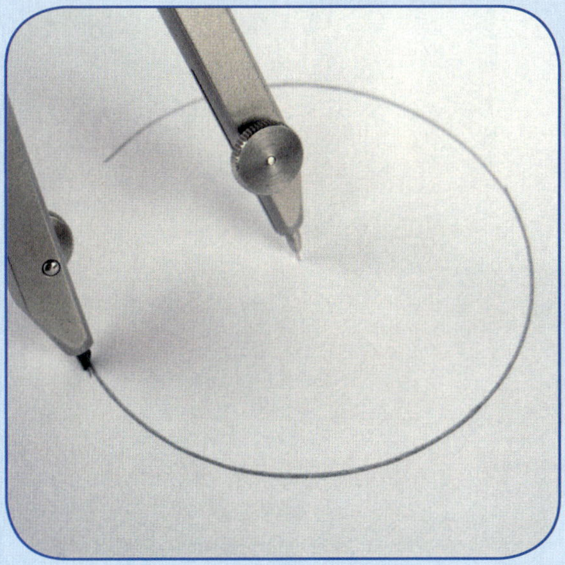

Jeansgrößen

Ich möchte mir eine neue Jeans kaufen. Wie finde ich meine richtige Jeansgröße heraus? Und wofür stehen die Buchstaben W und L?

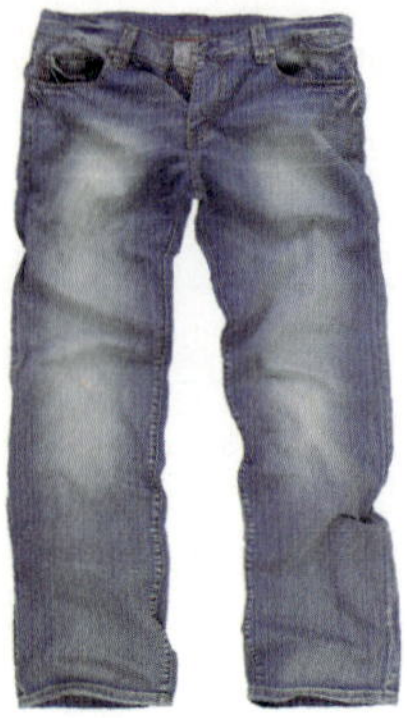

Auf die Bedeutung der Buchstaben kommst du sicherlich von selbst.
Die Größenbezeichnungen für Jeansbekleidung werden oft in der amerikanischen Längeneinheit „inch“ angegeben. 1 inch entspricht 2,54 cm.

Meine Weite messe ich an der Taille, also an der schmalsten Stelle des Oberkörpers. Dann kann ich jetzt für jede Größe den Taillenumfang in cm berechnen.

Größe	Taillenumfang in cm
26	
27	
28	
29	
30	

1. Bestimmt eure Jeansgröße.
2. Erstellt im Heft eine Größentabelle für Jeanshosen bis zur Größe 35.

Richtig messen – richtig bestellen

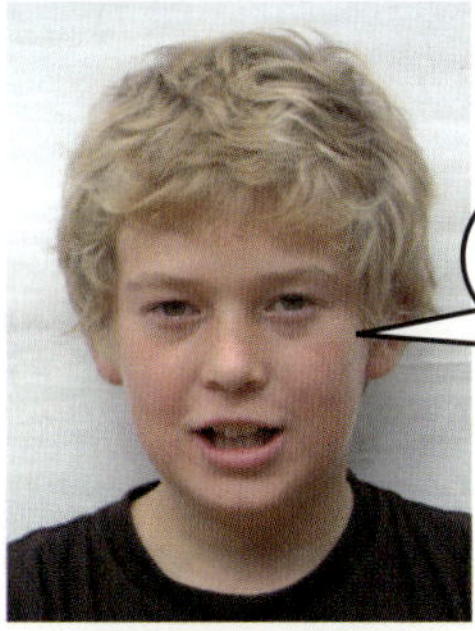

Ich will mir im Katalog ein Sweatshirt bestellen. Ich bin 1,61 m groß und mein Brustumfang beträgt 0,80 m.

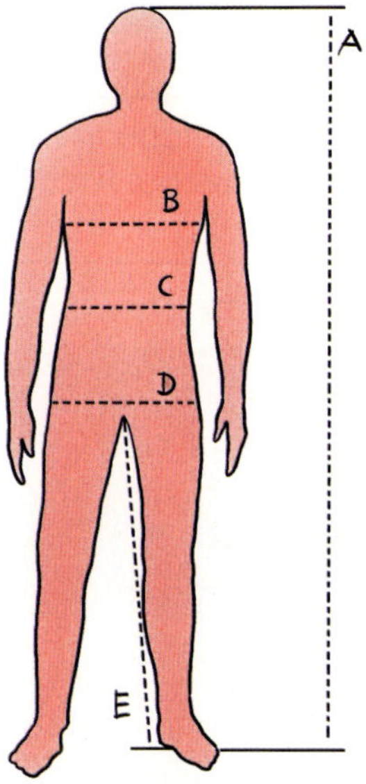

Sweatshirt

je **14,99 €**

Größentabelle für Jungen:

Bestell-größe	Körper-höhe (cm)	Brust-umfang (cm)	Taillen-umfang (cm)	Hüft-umfang (cm)
158	153–158	76–80	66–69	81–85
164	159–164	79–83	68–71	84–88
170	165–170	82–86	70–73	87–91
176	171–176	85–89	72–75	90–94
182	177–182	88–92	74–78	93–97

Ich habe auch meine Körpermaße gemessen. Ich bin 1,66 m groß. Mein Brustumfang beträgt 83 cm und mein Taillenumfang 75 cm. Jetzt bin ich unsicher, welche Größe ich bestellen soll.

1. Was wird an den Buchstaben A, B, C, D, E in der Grafik oben gemessen?
2. Welche Größe sollte Tim bestellen?
3. Welche Bestellgröße würdet ihr Kosta empfehlen?
4. Sucht im Internet eine Größentabelle für Mädchen. Vergleicht sie mit der Tabelle für Jungen.
5. Messt gegenseitig eure Körpermaße. Welche Größe braucht ihr? Vergleicht mit eurer Kleidung.

Je älter, desto dickköpfiger?

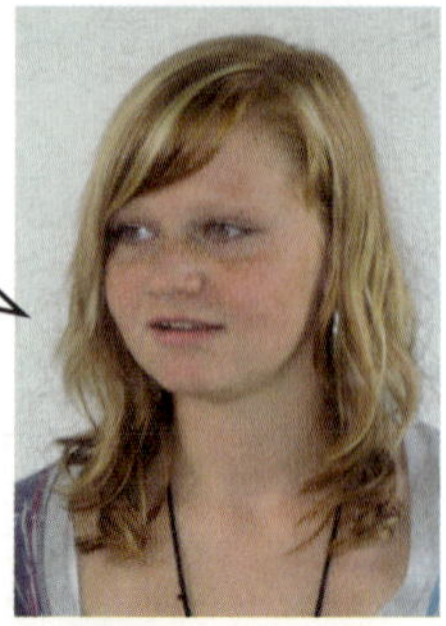

U2
3.–10. Lebenstag
Neugeborenen-Basisuntersuchung

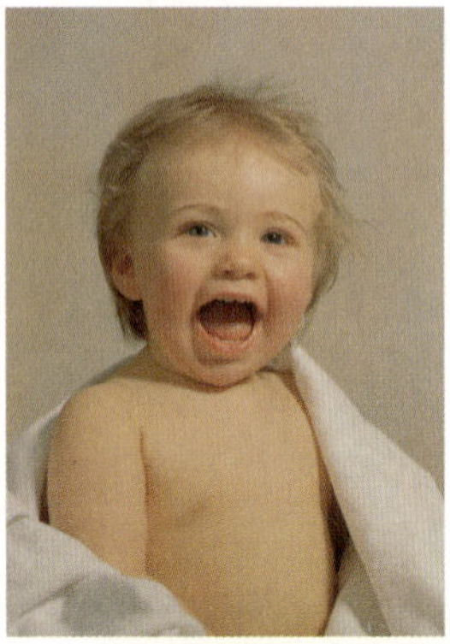

U6
3.–10. Lebensmonat

U8
43.–48. Lebensmonat

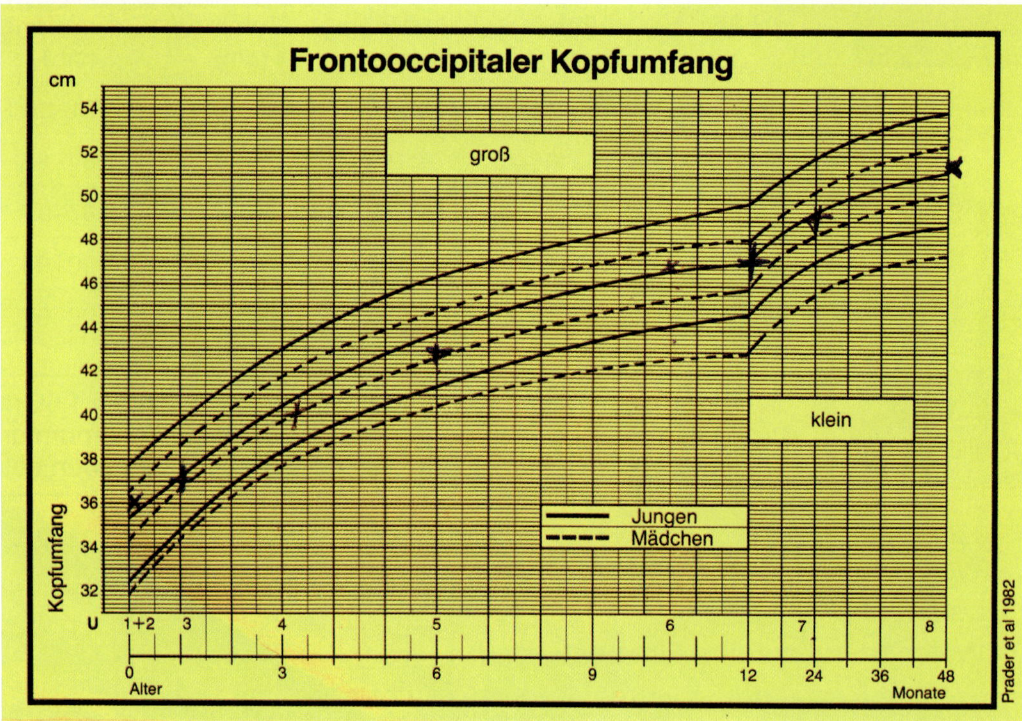

1. Was bedeuten die Striche im Diagramm?
2. Notiert den gemessenen Kopfumfang von Sarah zum Zeitpunkt der jeweiligen Untersuchung.

Je älter, desto dickköpfiger?

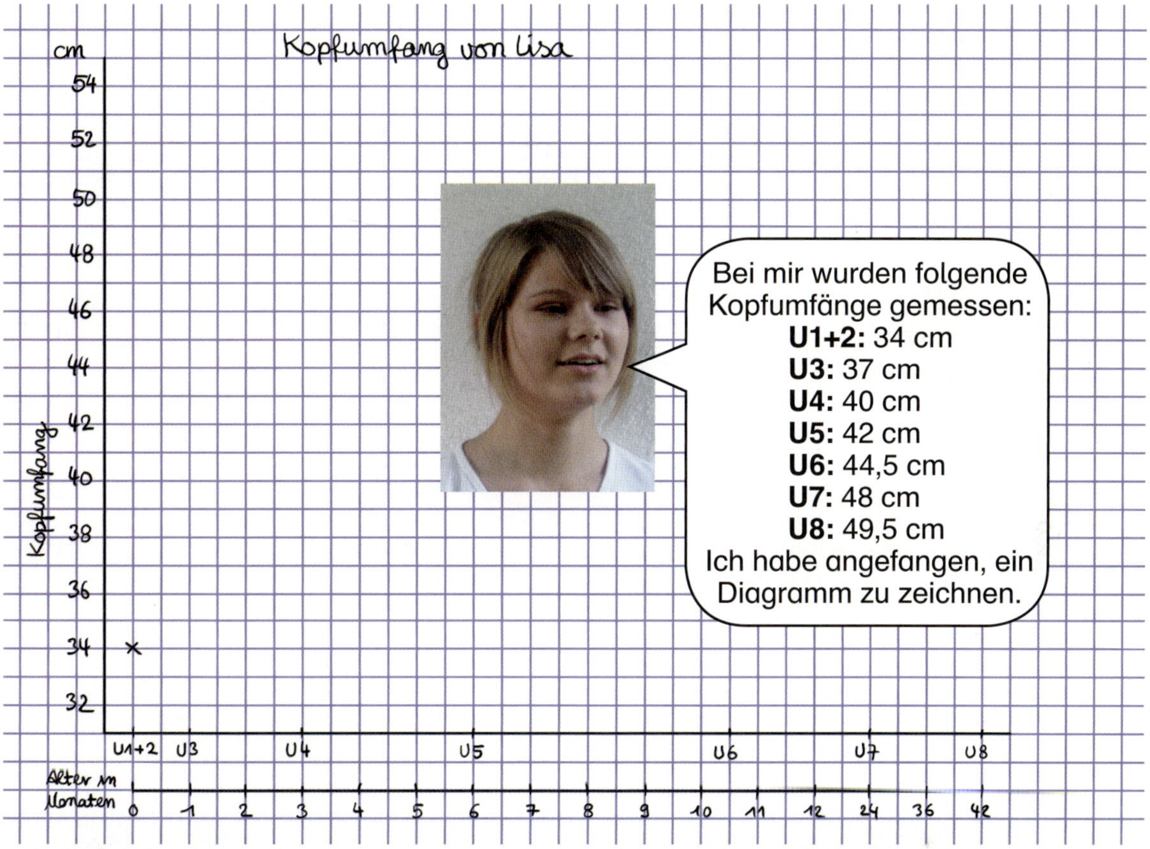

1. Zeichnet auch ein Diagramm in euer Heft und tragt die Werte von Lisa ein.
2. Fragt eure Eltern nach eurem Untersuchungsheft und tragt eure Kopfumfänge mit einer anderen Farbe in das Diagramm ein.
3. Welchen Kopfumfang habt ihr jetzt? Wie viele cm hat euer Kopfumfang von der U1 bis jetzt zugenommen?
4. Um wie viele cm hat der Kopfumfang bei Sarah, Lisa und euch in den angegebenen Zeiträumen zugenommen? Entwerft eine Tabelle im Heft und füllt sie aus. Unten findet ihr ein Beispiel.

	0–3 Monate	**4–6 Monate**	**7 Monate–4 Jahre**
Sarah			
Lisa			
deine Werte			

8 Kurs: Geometrie II

Rundherum

1. Sammelt selbst kreisrunde Gegenstände.
2. Wie groß ist der Umfang dieser Gegenstände? Probiert verschiedene Arten zur Bestimmung des Umfangs aus.

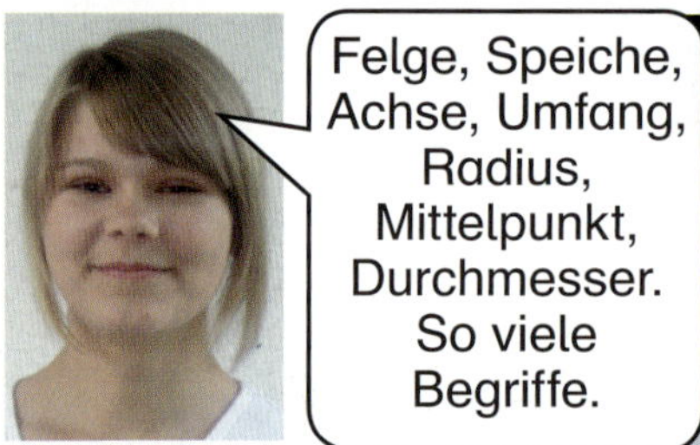

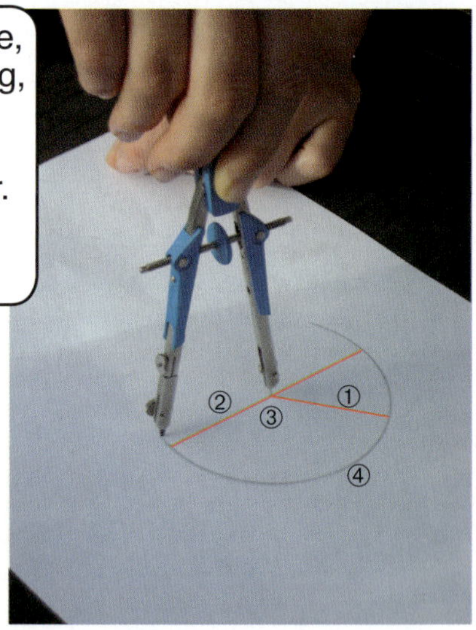

3. Ordnet Lisas Begriffe den Nummern in der rechten Grafik zu. Wo befinden sich diese am Rad?
4. Was fällt euch auf, wenn ihr die Speichen eines Fahrrads genau betrachtet?
5. Findet heraus, wie der Kilometerzähler des Fahrradcomputers funktioniert.

Rundherum

Herr Archimedes, Sie haben herausgefunden, wie man den Umfang eines Kreises berechnen kann?

Ja, ich habe entdeckt, dass der Umfang eines Kreises etwas mit dem Durchmesser zu tun hat.
Teilt doch mal die Umfänge von Kreisen durch die Durchmesser.

Den Umfang kann man so bestimmen:

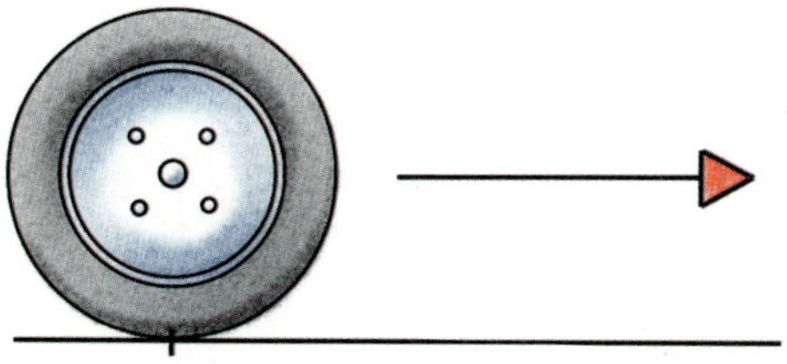

Oder so:

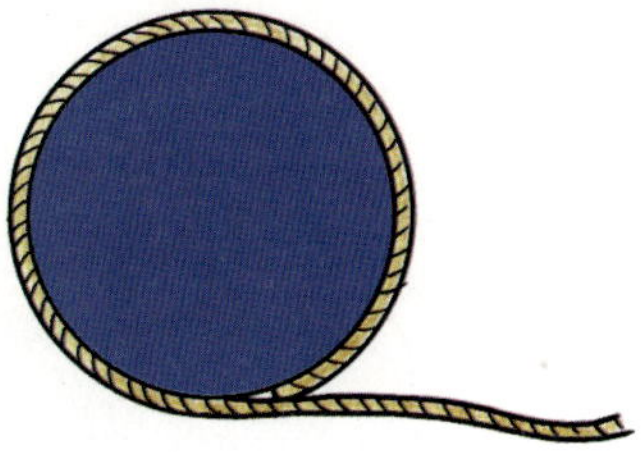

1. Messt bei Rädern und runden Gegenständen die Umfänge und die Durchmesser.

2. Tragt die Maße in eine Tabelle im Heft ein und rechnet. Was stellt ihr fest?

Gegenstand	Umfang	Durchmesser	U : d
Rollerrad	75,0 cm	23,5 cm	
Dose	22,8 cm	7,4 cm	
Schüssel			

3. Informiert euch, wer Archimedes war. Wo und wann hat er gelebt?

Die Zahl π (Pi)

Sicher habt ihr entdeckt, dass der Umfang eines Kreises ungefähr 3-mal so groß ist wie der Durchmesser, egal wie groß der Kreis ist.

Ich konnte die Zahl, mit der man den Durchmesser multiplizieren muss, genauer bestimmen. Diese Zahl wird π genannt.

In eurer Zeit weiß man bereits, dass die Zahl π unendlich viele Stellen nach dem Komma hat:

$\pi = 3{,}141592653589792\ \ldots$

Es reicht aber, wenn ihr euch merkt: $\boldsymbol{\pi = 3{,}14}$

Jetzt kann ich den Umfang eines Kreises ausrechnen. Ich merke mir:
U = π · d

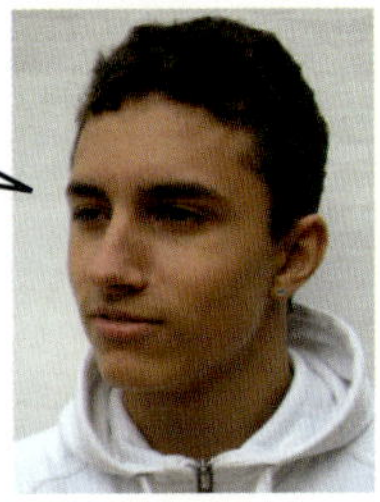

1. Besorgt euch kreisrunde Gegenstände, bestimmt die Durchmesser und berechnet die Umfänge wie Kosta.
2. Wie viele Stellen von π könnt ihr euch merken? Wer hat das beste Gedächtnis?
3. Findet heraus, wie lang diese Linie ist.

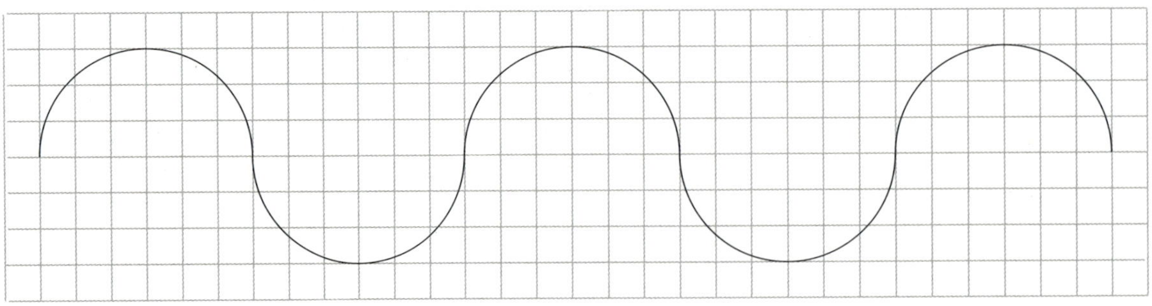

Kreismuster

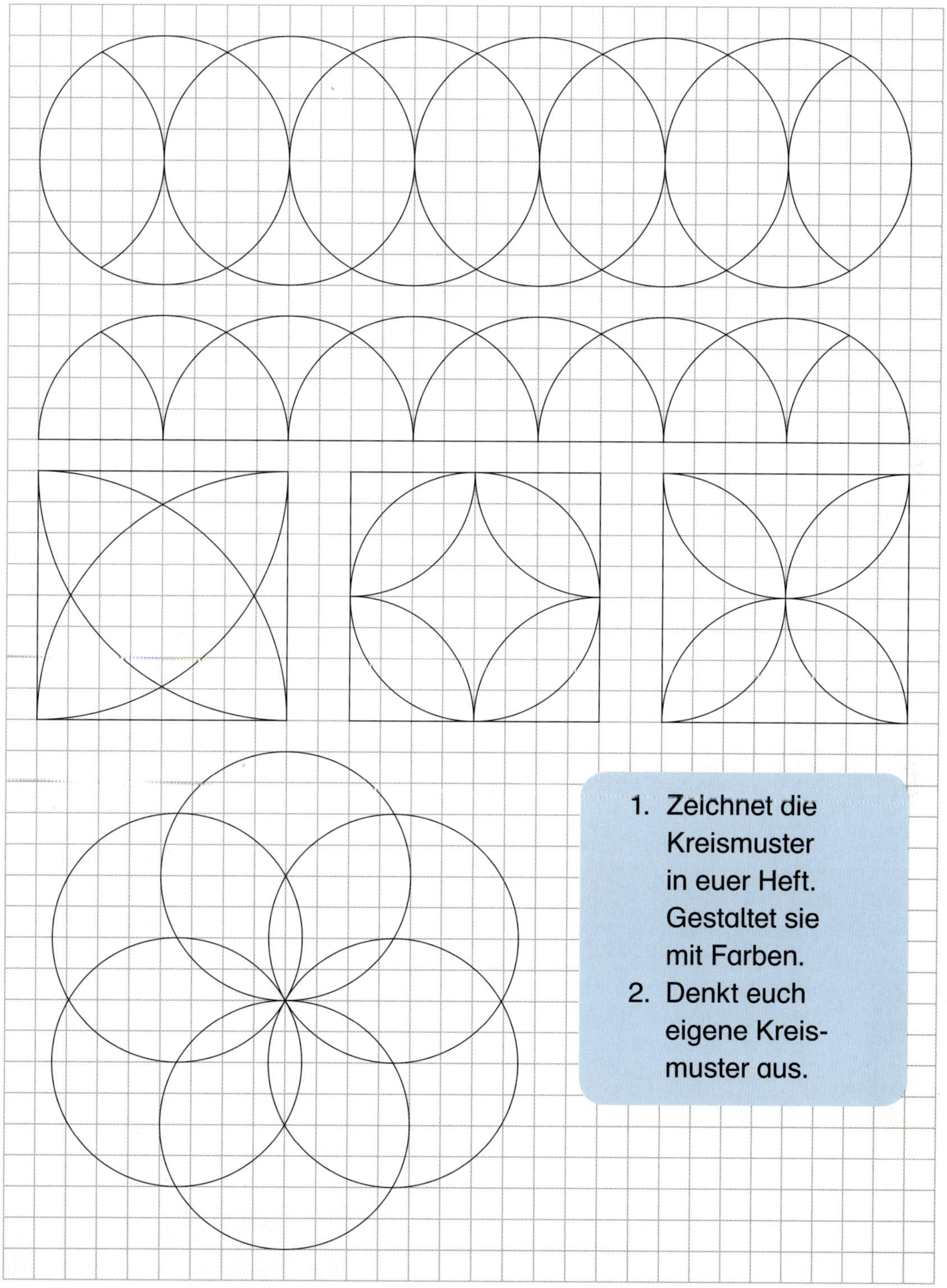

1. Zeichnet die Kreismuster in euer Heft. Gestaltet sie mit Farben.
2. Denkt euch eigene Kreismuster aus.

Ein Zirkel kann mehr als nur Kreise

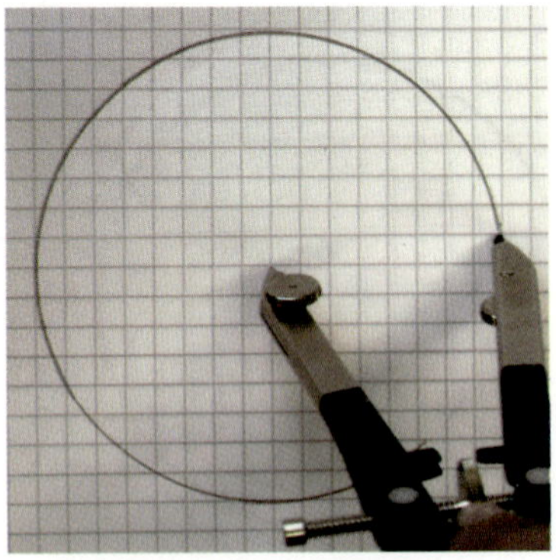

1. Zeichnet einen Kreis mit dem Radius r = 4 cm. Verändert den eingestellten Radius nicht.

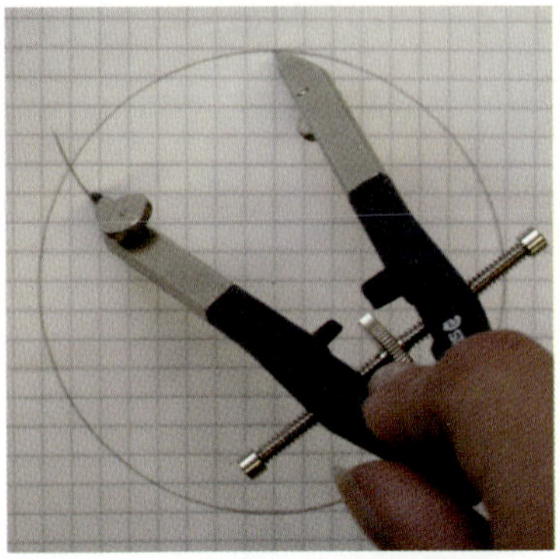

2. Stecht den Zirkel irgendwo auf der Kreislinie ein. Tragt den Radius ab, indem ihr einen kleinen Kreisbogen zeichnet.

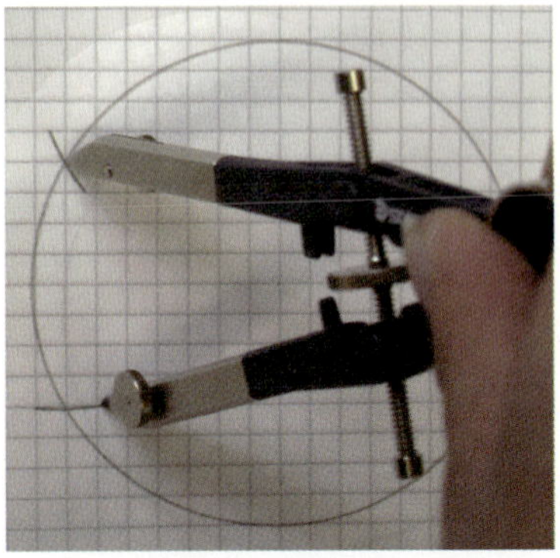

3. Stecht den Zirkel jetzt an dem Schnittpunkt ein und tragt den Radius wieder ab.

4. Wiederholt das Abtragen, bis ihr zur ersten Einstichstelle kommt. Euer Kreis müsste jetzt so aussehen: Verbindet die Schnittpunkte mit geraden Linien. Welche Form entsteht?

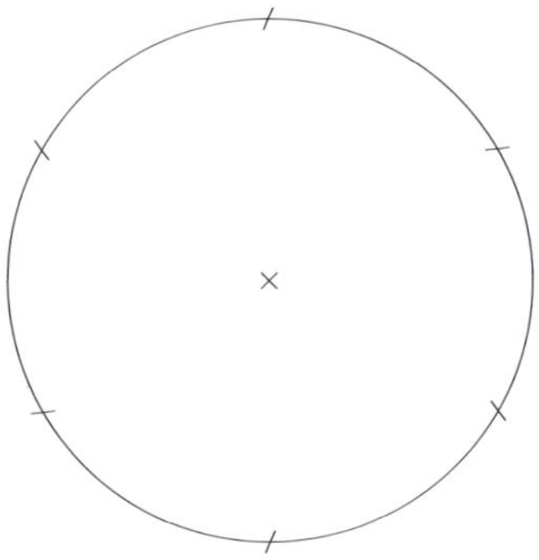

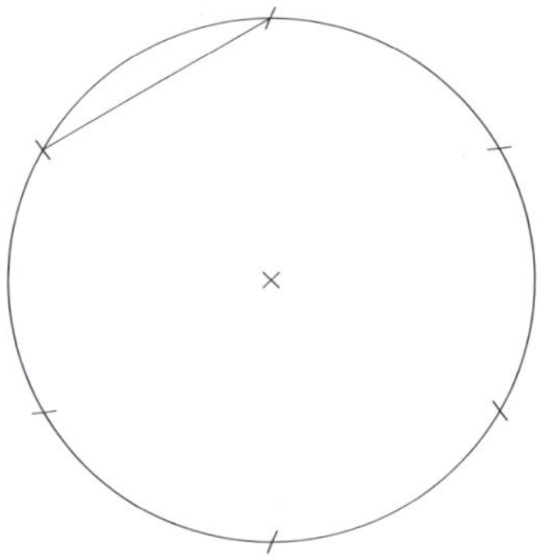

Ihr könnt noch andere geometrische Formen mithilfe der Schnittpunkte im Kreis zeichnen. Zeichnet dazu die Kreise immer wieder neu.

5. Könnt ihr diese Formen finden?
   - gleichseitige Dreiecke
   - rechtwinklige Dreiecke
   - gleichschenklige Dreiecke
   - Rechtecke
   - Trapeze

6. Ihr könnt auch einen Stern oder ein Haus zeichnen. Welche Formen findet ihr noch?

Kreisfläche

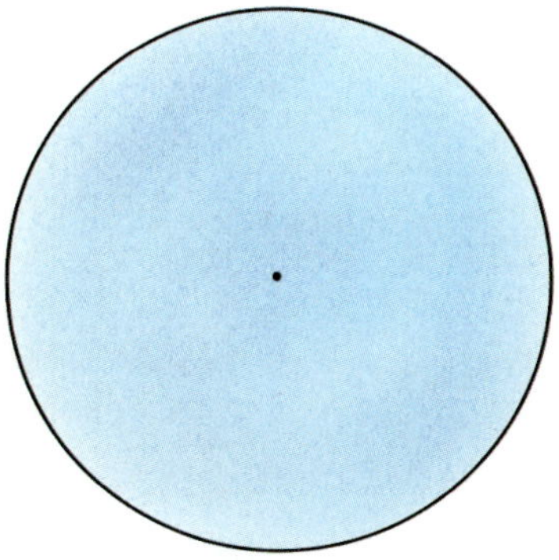

Kreisfläche $A_{\circ}$

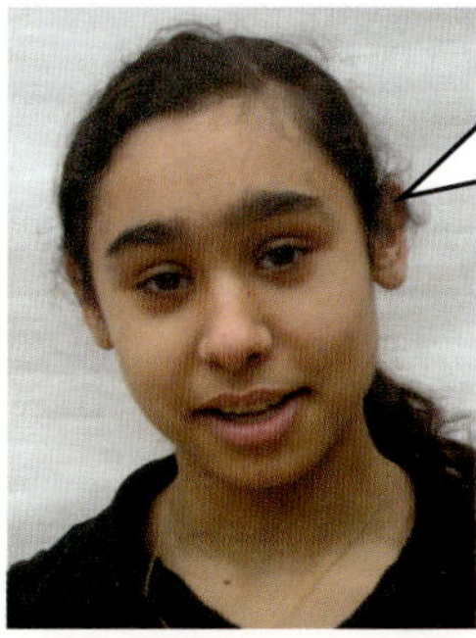

Ich wette, π hat auch etwas mit der Fläche eines Kreises zu tun.

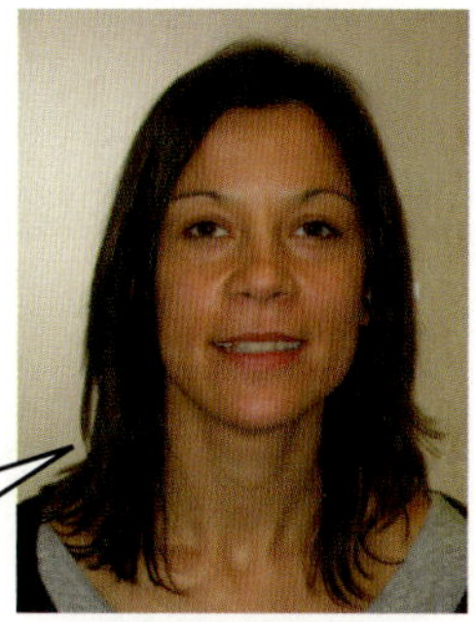

Macht mal, was ich euch vorschlage:

1. Zeichnet einen Kreis mit r = 5 cm.

   Zeichnet in den Kreis ein Quadrat mit der Seitenlänge r.

   Ihr habt jetzt ein Radiusquadrat.

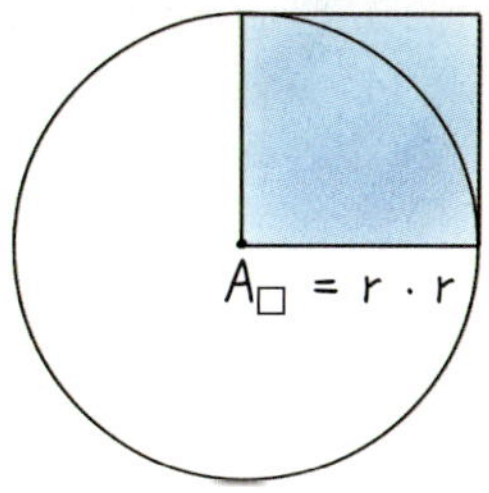

2. Zeichnet zwei weitere Radiusquadrate ein.

   Schneide zuerst die Form aus, dann den Kreis.

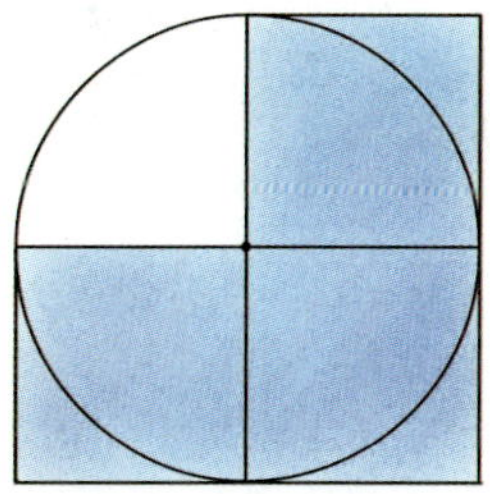

3. Klebt die abgeschnittenen Ecken in den weißen Viertelkreis.

   Ihr könnt die Abschnitte auch mit der Schere zerkleinern.

   Was vermutet ihr?

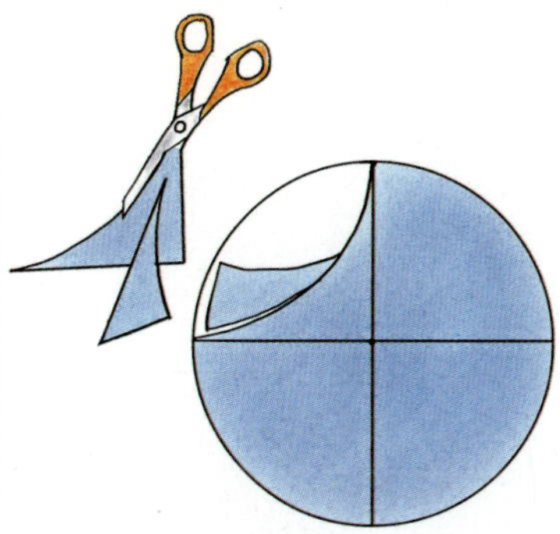

Kreisfläche

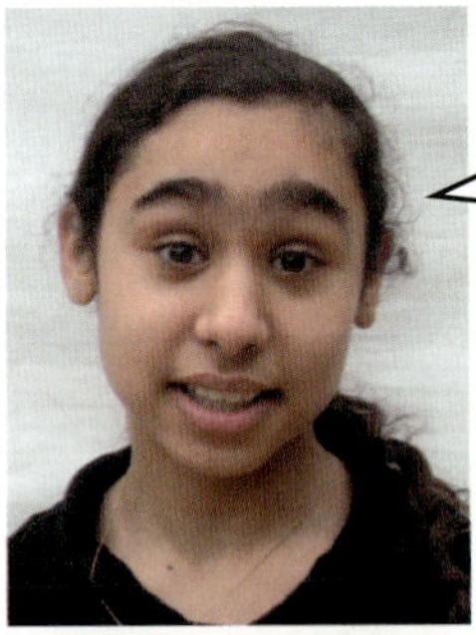

Richtig! Die Fläche eines Kreises ist π · das Radiusquadrat.

$A_O = \pi \cdot r^2$

$A_O = 3{,}14 \cdot r \cdot r$

$A_O = 3{,}14 \cdot \square\ cm^2$

$A_O = \square\ cm^2$

1. Zeichnet auf eurem Schulhof Kreise mit den Radien
   r = 50 cm,
   r = 80 cm,
   r = 1,00 m,
   r = 1,30 m.
   Ihr braucht dazu: Schnur, Meterstab, Kreide.
2. Berechnet die Flächen der Kreise nach der Formel:
   $A = \pi \cdot r^2$.
   Schreibt die Flächeninhalte in die Kreise.

3. Probiert aus, ob eure ganze Klasse in den kleinsten Kreis passt, wenn alle ganz dicht beieinanderstehen.
4. Wie viele Schüler passen in die anderen Kreise? Probiert es aus.
5. Findet heraus, wie groß der Kreis sein muss, damit alle Schüler der Schule in den Kreis passen.

Didi Senft hat das größte Fahrrad der Welt gebaut.

Schätze den Durchmesser eines Rades.

Finde heraus, wie weit man mit einer Radumdrehung kommt.

Habt ihr eine Uhr im Klassenzimmer? Messt wie lang der große Zeiger ist.

Welchen Weg legt die Spitze des großen Zeigers an einem Tag zurück?

... und der Stundenzeiger?

Welche Strecke ist das in einem Jahr?

Fabio fährt jeden Tag 2,3 km mit dem Fahrrad zur Schule.

Wie oft dreht sich sein Rad von zu Hause bis zur Schule?

Der Erdumfang beträgt 40 000 km. Wie groß ist der Durchmesser der Erde?

Pizza salame	∅	26 cm	30 cm
Salami		5,90 €	7,00 €

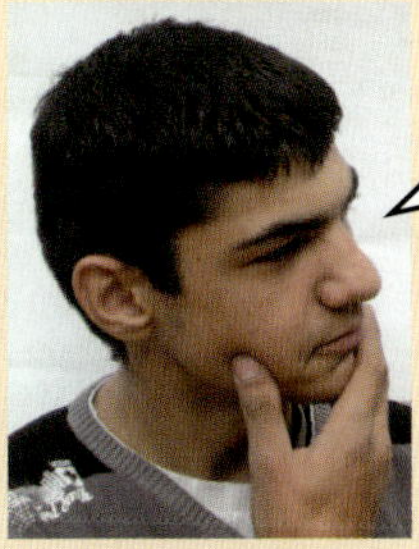

Umfahre auf einem Blatt Papier einen Teller. Schneide den Kreis aus.

Wie viele Möglichkeiten findest du, den Mittelpunkt des Kreises zu bestimmen? Du darfst Hilfsmittel verwenden.

Kreise in der Kunst

Robert Delaunay: Endloser Rhythmus

Der französische Künstler Robert Delaunay hat in seinem Bild Kreise in verschiedenen Größen und Farben dargestellt.

1. Versucht, den Bildtitel „Endloser Rhythmus" zu erklären. Wo könnt ihr einen Rhythmus erkennen?
2. Wo findet ihr Regelmäßigkeiten im Aufbau des Bildes?
3. Gestaltet selbst ein Bild mit farbigen Kreisen oder Halbkreisen.

9 Kurs: Prozente

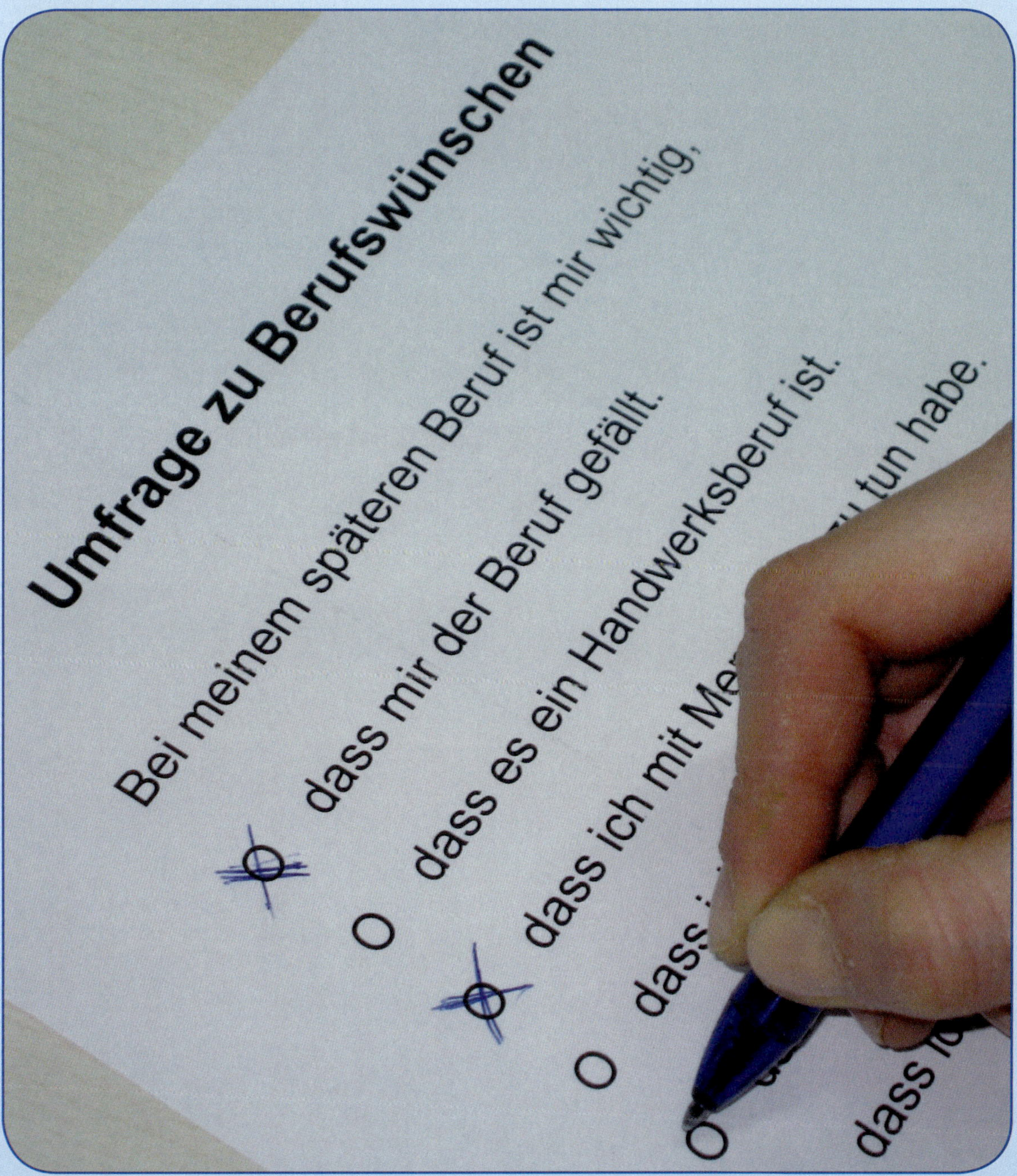

Eine Umfrage zur Berufswahl

Wir führten eine Umfrage unter Jugendlichen durch. Wir wollten wissen, was ihnen bei der Berufswahl wichtig ist. Dazu befragte jeder von uns 5 Mädchen und 5 Jungen.
Wir sind 10. Also befragten wir genau 100 Jugendliche.
Das sind die Ergebnisse unserer Umfrage.

● Mädchen
● Jungen

Bei meinem späteren Beruf ist mir wichtig …

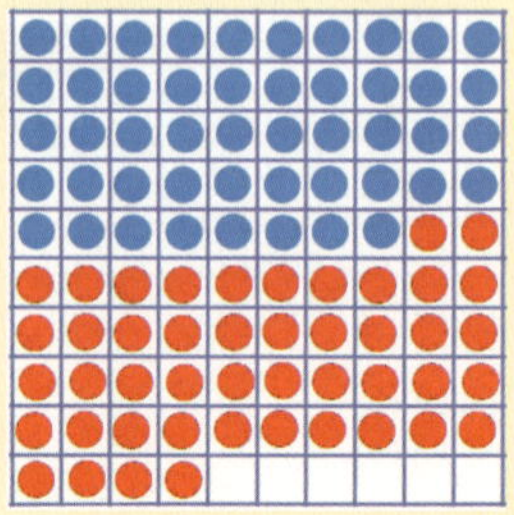

a) … dass mir der Beruf gefällt.

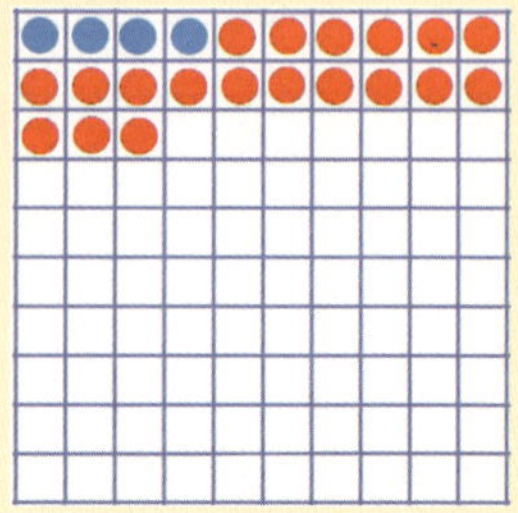

b) … dass es ein Handwerksberuf ist.

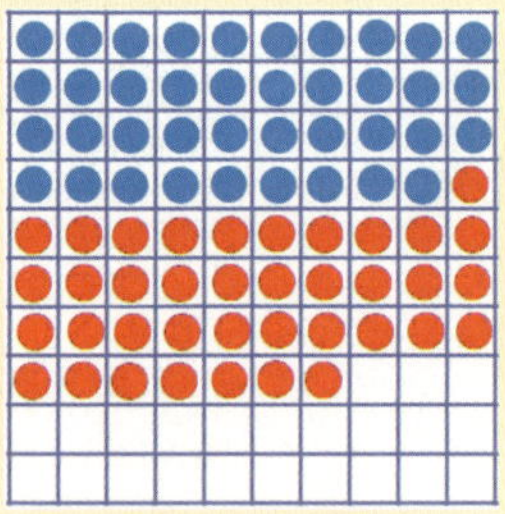

c) … dass ich mit Menschen zu tun habe.

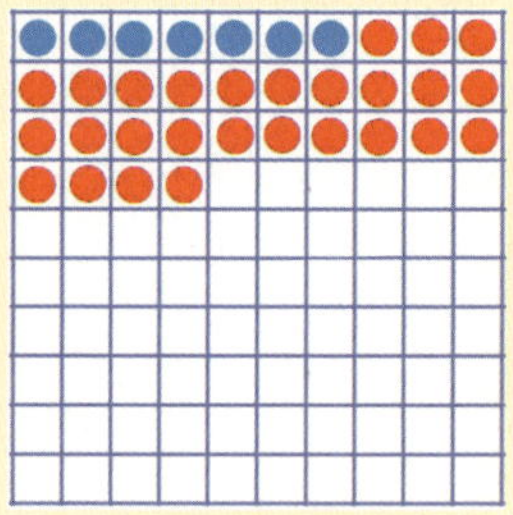

d) … dass ich etwas herstelle.

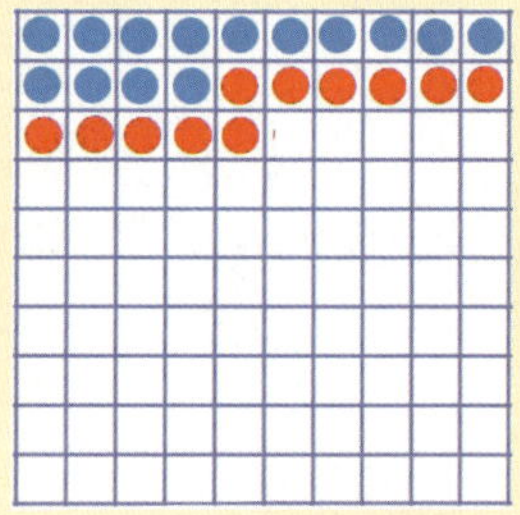

e) … dass ich körperlich nicht schwer arbeiten muss.

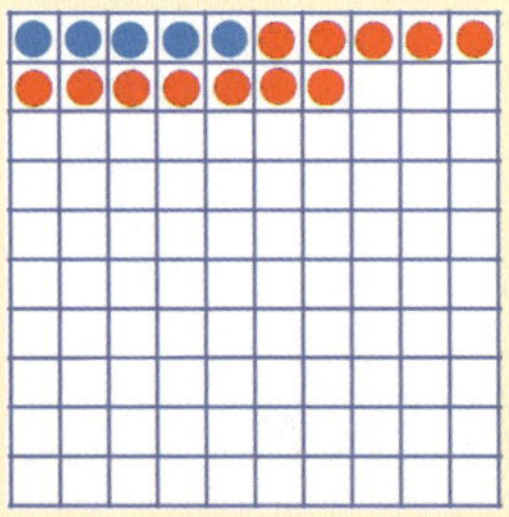

f) … dass ich im Freien arbeite.

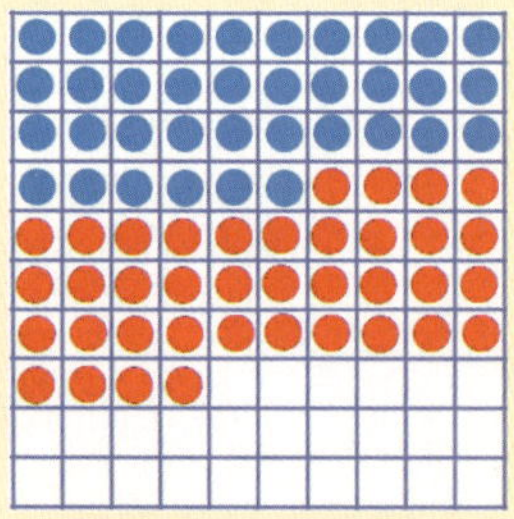

g) … dass ich möglichst viel Geld verdiene.

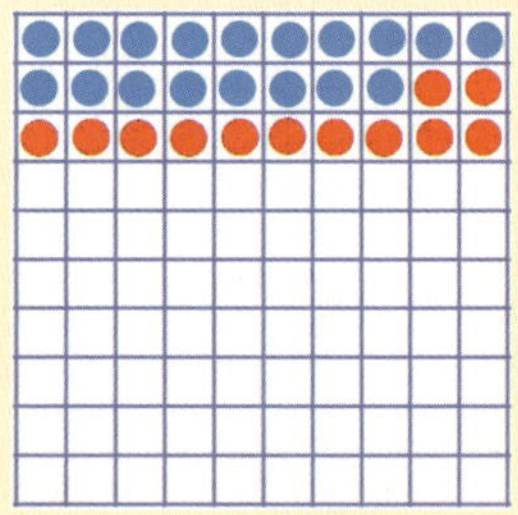

h) … dass ich nicht schmutzig werde.

1. Vergleicht die Angaben miteinander.
2. Ordnet die Aussagen nach ihrer Wichtigkeit.
3. Schreibt die Ergebnisse so auf: 94 von 100 Schülern ist wichtig, dass ihnen der Beruf gefällt.

Prozentsätze

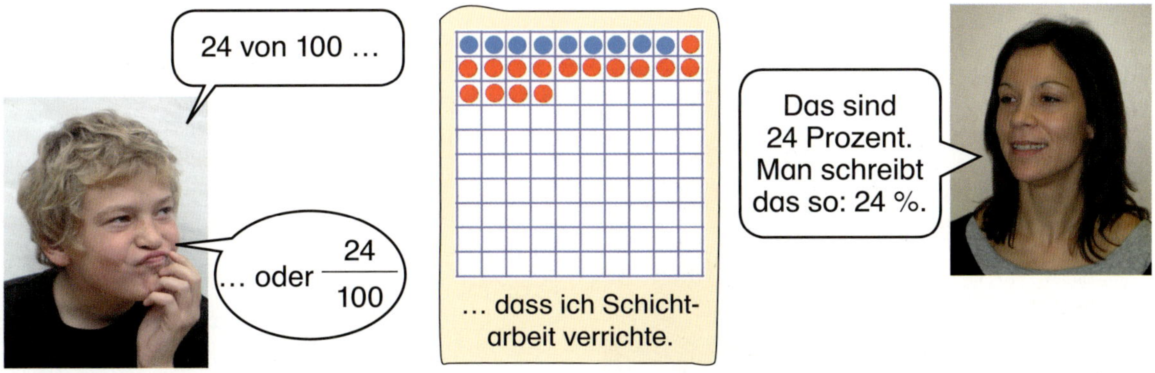

1. Gebt die Umfrageergebnisse von Seite 98 in Prozent an:
   a) 94 %, b) ___ %, …
2. Führt selbst eine Befragung von 100 Personen zu diesem Thema durch.
3. Stellt eure Ergebnisse in Hunderterfeldern dar. Schreibt die Hundertstel-Brüche und die Prozentangaben dazu.
4. Formuliert Sätze mit den Prozentangaben und schreibt sie auf.
5. Gebt den Anteil in $\frac{\square}{100}$ und % an.

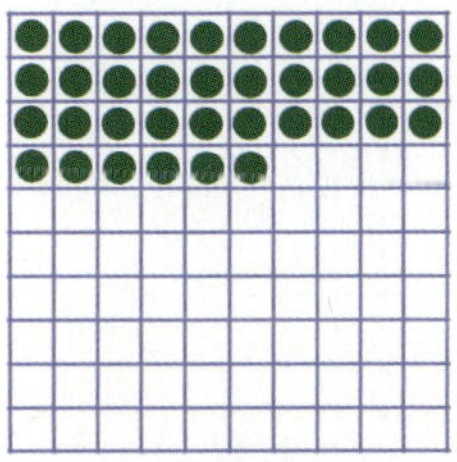
a)

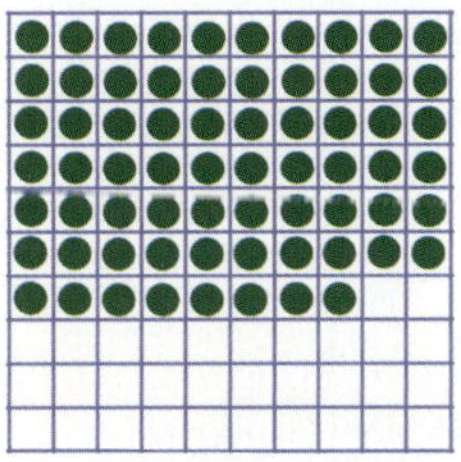
b)

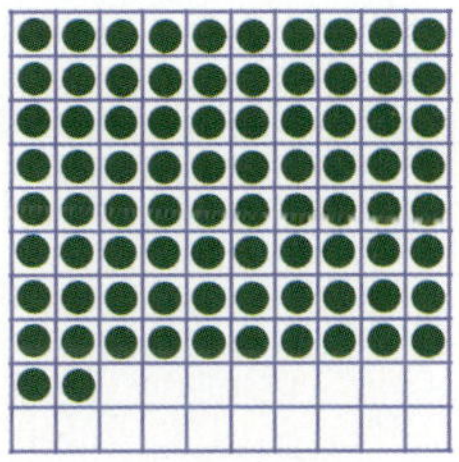
c)

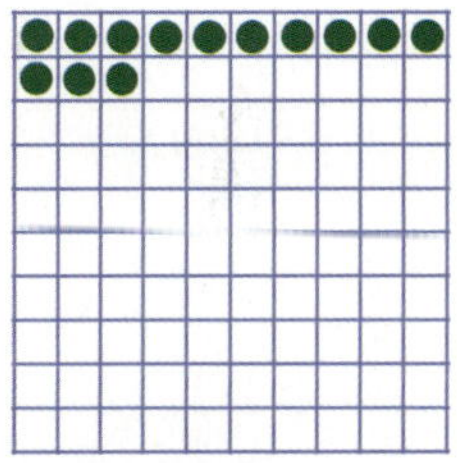
d)

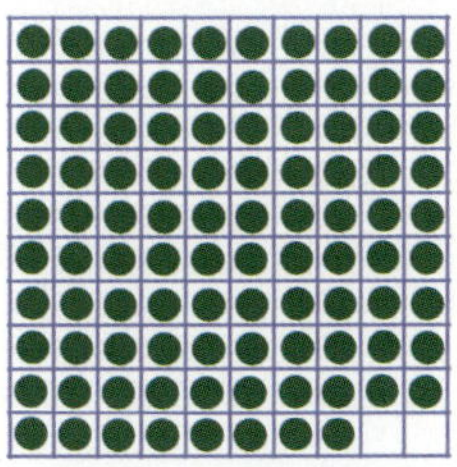
e)

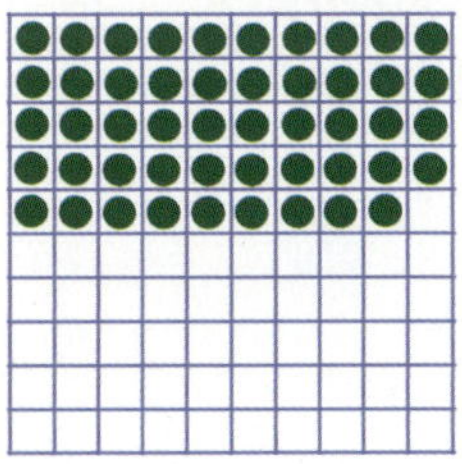
f)

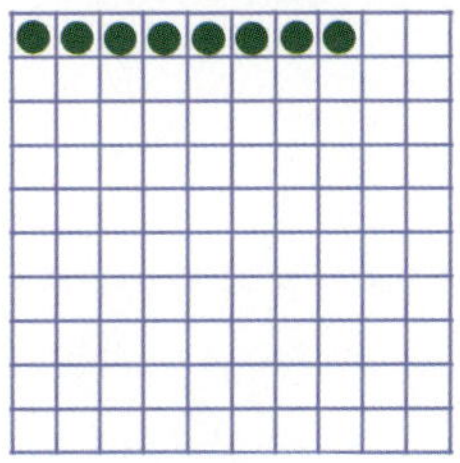
g)

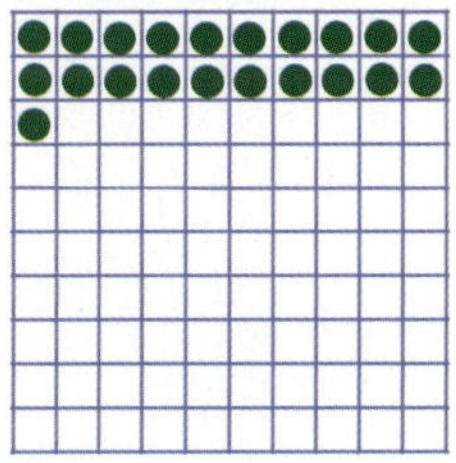
h)

6. Zeichnet Hunderterfelder mit 50 %, 35 %, 74 %, 1 %, 18 %, 91 %.

Was meinen Mädchen, was Jungen?

Mädchen

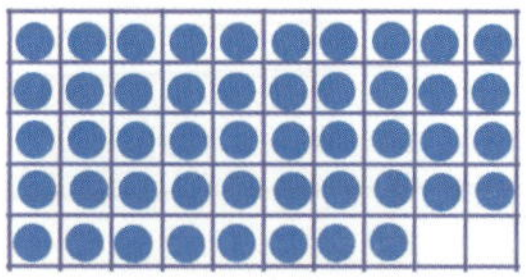

Es ist wichtig, dass mir der Beruf gefällt.

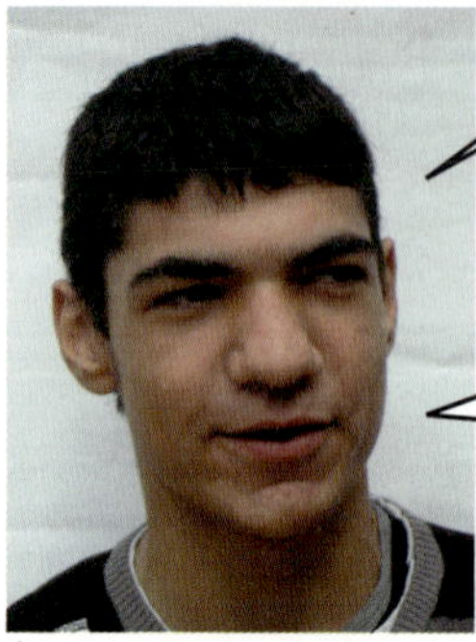

Jungen

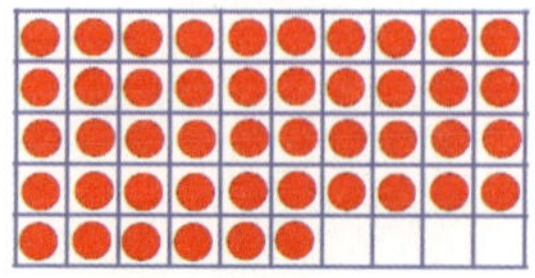

Es ist wichtig, dass mir der Beruf gefällt.

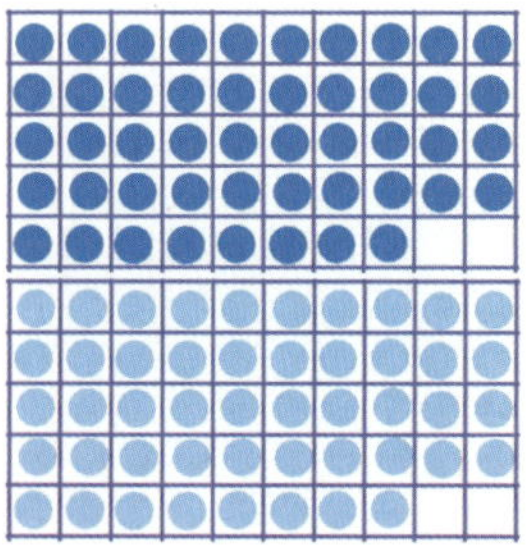

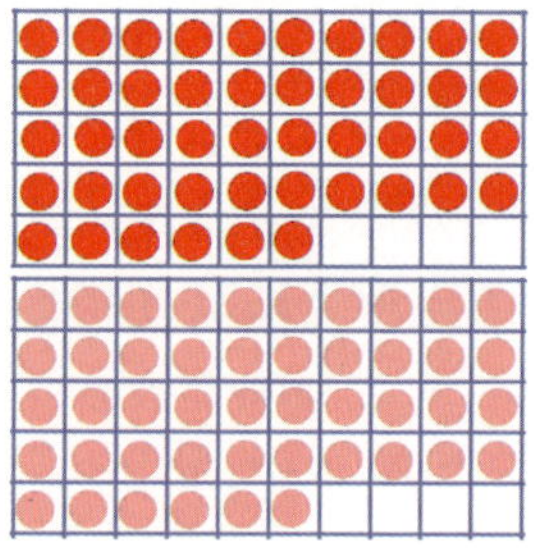

1. Erklärt, welche Idee Sarah haben könnte.

   Sie rechnet so:

   · ■ (48 von 50) · ■
   ■ von 100
   Das sind ■ %.

   · ■ (46 von 50) · ■
   ■ von 100
   Das sind ■ %.

2. Berechnet so auch die anderen Prozentangaben bei den Mädchen und Jungen.
3. Vergleicht die Prozentangaben.
   a) Wo gibt es Übereinstimmungen?
   b) Was ist für die Jungen wichtiger?
   c) Was ist für die Mädchen wichtiger?
4. Berechnet die Prozentangaben der Mädchen- und Jungenantworten auch bei eurer Befragung.

Spiele auf dem Schulhof

Jeder hat von 20 Würfen so viele Körbe geschafft:

Fabio	Sarah	Lisa	Kosta	Dilan	Tim
7	11	4	9	13	10

1. Berechnet, wie viel Prozent der Würfe im Korb waren.

   Rechnet wie Fabio: $\cdot$ ■ (7 von 20 → ■ von 100) $\cdot$ ■

   Das sind ■ %.

Von 10 Elfmeterschüssen gingen so viele ins Tor:

Fabio	Sarah	Lisa	Kosta	Dilan	Tim
8	2	5	10	4	6

2. Berechnet die Anzahl der Tore in Prozent.

   Rechnet wie Fabio: $\cdot$ ■ (8 von 10 → ■ von 100) $\cdot$ ■

   Das sind ■ %.

3. Führt selbst ein Elfmeterschießen und ein Basketballwerfen durch. Stellt fest, wie viele Treffer ihr schafft.
4. Berechnet die Anzahl eurer Treffer in Prozent.

Auswertung des Betriebspraktikums

Die 16 Schülerinnen und Schüler aus den 8. Klassen der Bergschule werten ihr zweiwöchiges Betriebspraktikum aus. Dazu verwenden sie auch diesen Fragebogen:

Ich kam	immer pünktlich 卌卌 II	meistens pünktlich III	oft zu spät I	nie pünktlich
Die Tätigkeiten waren	sehr interessant 卌 II	interessant 卌	eher langweilig IIII	sehr langweilig
Ich arbeitete	sehr schnell II	normal 卌 III	eher langsam 卌 I	zu langsam
Die Arbeit hat mir	immer Spaß gemacht	oft Spaß gemacht 卌 IIII	wenig Spaß gemacht 卌	nie Spaß gemacht II
8 Stunden zu arbeiten	machte mir nichts aus I	war für mich schon lang II	ist mir eher schwergefallen 卌卌	schaffte ich nicht III
Dieser Beruf	gefällt mir sehr gut II	käme für mich in Frage 卌 IIII	ist eher nichts für mich III	ist nichts für mich II
Das Praktikum hat sich	sehr gelohnt I	gelohnt 卌 卌 III	hat mir wenig gebracht II	hat mir nichts gebracht
Die Zusam-	hat gut geklappt	hat geklappt	war manchmal sch	war schwierig

Die Schüler zählen aus, wie oft die Antworten gegeben wurden. Sie wollen die Ergebnisse in Prozentangaben darstellen. Dazu berechnen sie jeweils den **Prozentsatz**.

1. Erklärt, wie der Prozentsatz berechnet wird.
2. Berechnet ebenso die Prozentsätze der anderen Ergebnisse. Schreibt die Prozentangaben so auf:
   75 % kamen immer pünktlich.
   ▬ *% kamen meistens pünktlich.*
3. Verwendet den Fragebogen, wenn ihr selbst euer Praktikum auswertet. Ihr könnt den Fragebogen noch erweitern.
4. Stellt eure Ergebnisse auch in Prozentsätzen dar.

Unsere Schule in Prozent

Klasse	Schülerzahl	weibl.	männl.
1/2	9	3	6
3	8	4	4
4	10	4	6
5	11	6	5
5/6	10	3	7
7	12	7	5
7/8	11	4	7
9	13	8	5
Gesamt	84	39	

ausländische Schüler/innen und ihre Herkunftsländer	
Türkei	12
Italien	7
Serbien	6
Kosovo	4
Griechenland	5
Portugal	3
Spanien	2
Sonstige	8
Gesamt	

Lehrkräfte	weibl.	männl.
16	11	5

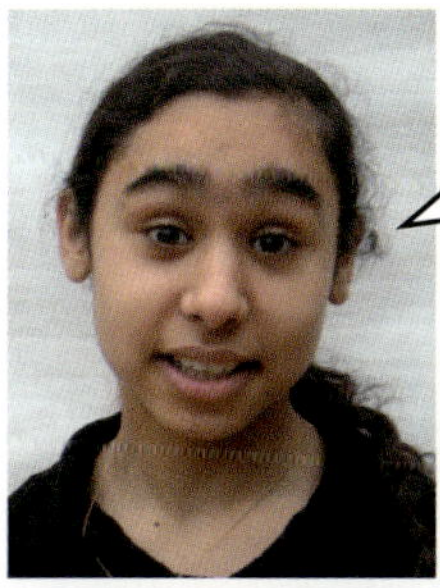

	Schüler	%	
: 84	84 Sch.	100 %	: 84
	1 Sch.	1,19 %	
· 39	39 Sch.	46,4 %	· 39

1. Erklärt, wie Dilan den Prozentsatz der Mädchen ausrechnet.
2. Rechnet wie Dilan und gebt als Prozentsätze an:
   a) den Anteil der Jungen,
   b) den Anteil der Schüler in den Klassen 1 bis 4,
   c) den Anteil der Schüler in den Klassen 5 bis 9,
   d) den Anteil der ausländischen und der deutschen Schüler.
3. Berechnet bei den ausländischen Schülern die Anteile der verschiedenen Nationalitäten in Prozent.
4. Berechnet, wie viel Prozent der Lehrkräfte weiblich bzw. männlich sind.
5. Berechnet die Prozentsätze auch für eure Schule. Die Zahlen könnt ihr sicher bei der Schulsekretärin erfragen.

Lieblingsfarben

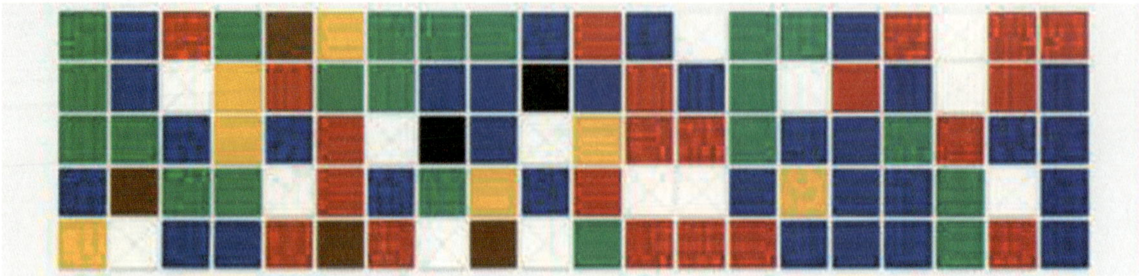

© VG Bild-Kunst, Bonn 2011

Der Künstler Timm Ulrichs hat „Die Lieblingsfarben der Deutschen" im Jahr 1959 nach den Ergebnissen einer Umfrage dargestellt.

1. Vor wie vielen Jahren wurde die Umfrage durchgeführt?
2. Welche Farbe wurde am häufigsten genannt, welche am wenigsten?
3. Am Bild kann man ablesen, dass 7 % der Befragten Gelb als Lieblingsfarbe angaben. Findet die Prozentangaben auch zu den anderen Farben heraus. 14 % hatten keine Lieblingsfarbe oder gaben eine andere Farbe an.
4. Ordnet die Farben mit ihren Prozentangaben nach der Beliebtheit.

Eine kürzlich durchgeführte Umfrage zum Thema „Lieblingsfarben" hatte diese Ergebnisse:

38 % Blau	8 % Schwarz	3 % Weiß	2 % Braun
20 % Rot	5 % Rosa	3 % Violett	1 % Grau
12 % Grün	5 % Gelb	2 % Gold	1 % Orange

5. Vergleicht die Ergebnisse von heute mit denen von 1959. Was hat sich verändert?
6. Stellt die Ergebnisse von heute so wie Timm Ulrichs mit Farbquadraten in einem Bild dar.
7. Befragt möglichst viele Personen nach ihrer Lieblingsfarbe. Dazu könnt ihr Schüler, Freunde, Eltern und Geschwister oder Passanten befragen. Rechnet die Ergebnisse eurer Umfrage in Prozentsätze um. Vergleicht eure Ergebnisse mit den anderen Umfrageergebnissen. Gestaltet ein Bild zu eurer Umfrage.

Menschen und ihre Arbeit

Wie hoch ist Ihr monatliches Nettoeinkommen?

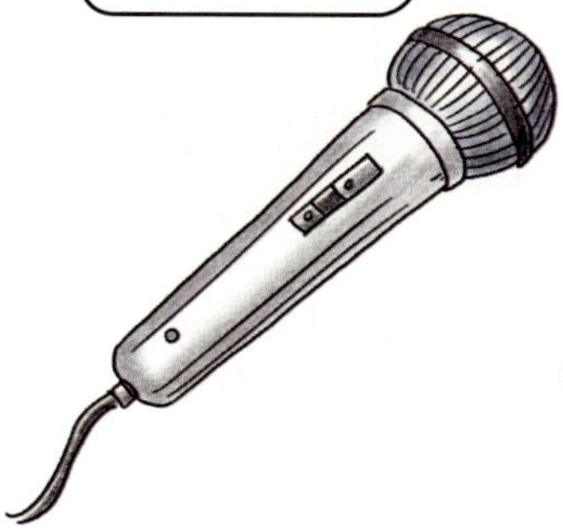

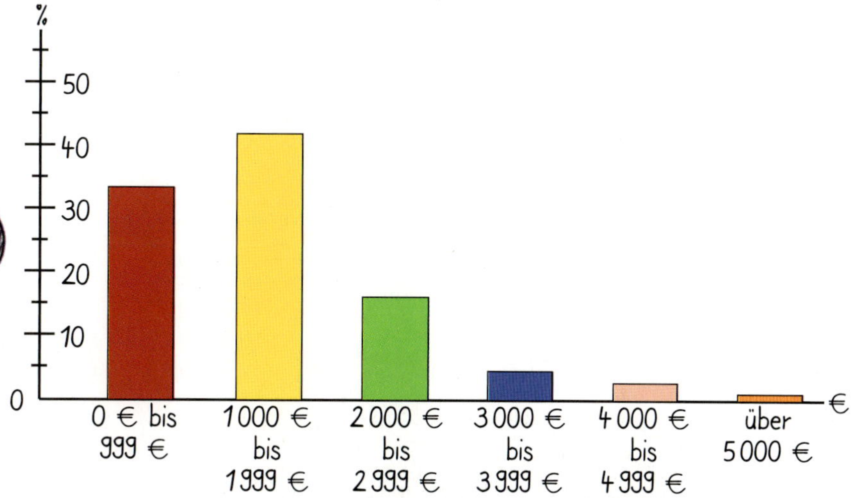

Gehen Sie gern zur Arbeit?

Sind Sie mit ihrer Arbeit zufrieden?

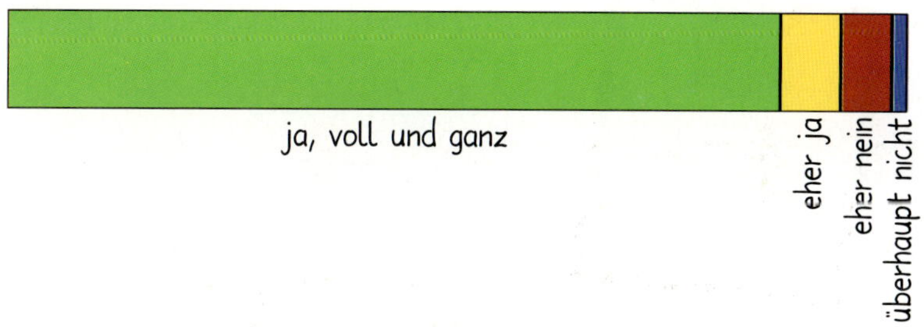

Prozentsätze können verschieden dargestellt werden: mit Zahlen, im Säulendiagramm und im Streifendiagramm.

1. Bestimmt die Prozentsätze bei den Umfrageergebnissen. Formuliert Sätze und schreibt sie auf.
2. Stellt die Ergebnisse der Umfrage zur Berufswahl (auf Seite 98) als Säulendiagramm dar.
3. Übertragt die Ergebnisse der Umfragen zu den Lieblingsfarben (auf Seite 104) in Streifendiagramme.

Prozente im Alltag

40 Prozent mehr Staus

München. In diesem Sommer war es auf deutschen Autobahnen besonders voll: 994 Staus mit einer Länge von mehr als zehn Kilometern hat es laut ADAC von Ende Juni bis Mitte September gegeben. Das waren fast 40 Prozent mehr als zur Ferienzeit 2009, obwohl es rund zehn Prozent weniger Baustellen gab. Besonders eng war es auf der A 8 mit 175 Staus. dpa

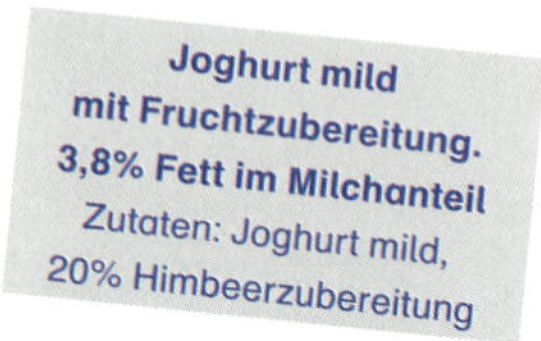

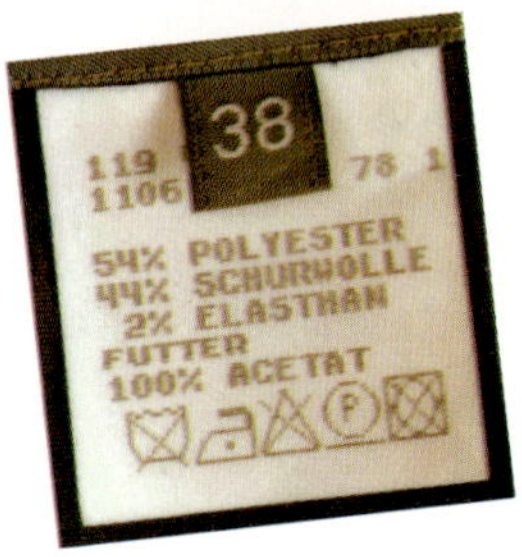

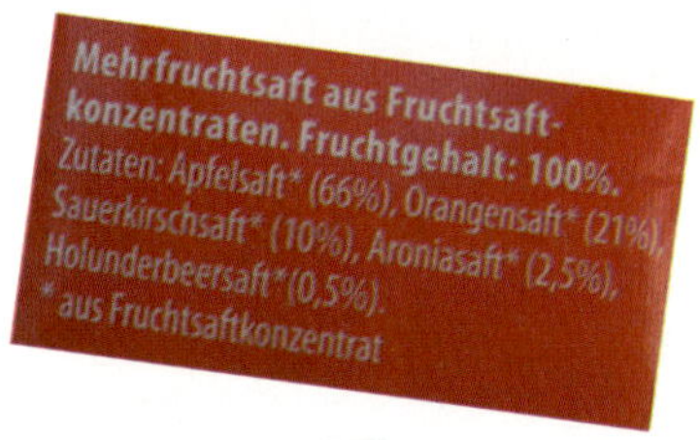

2% Extra-Zinsen

Für das erste, jetzt eröffnete Extra-Konto:

- 2% Extra-Zinsen p.a.
- 6 Monate Zinsgarantie, anschließend gilt der jeweils aktuelle Extra-Konto Zins

1. Erklärt die Prozentangaben.
2. Sucht Prospekte, Werbeanzeigen, Verpackungen und Materialangaben von Kleidungsstücken mit Prozentangaben.

Reduzierte Preise

Als ich in der „Klamotte“ mein Praktikum machte, wurden auch die Preise reduziert.
Man rechnet zuerst den Preisnachlass aus, also zum Beispiel 25 % vom bisherigen Preis. Den Nachlass zieht man dann vom Preis ab.

	%	€	
: 100	100 %	24 €	: 100
· 25	1 %	0,24 €	· 25
	25 /	[redacted] €	

Sarah rechnet vor:

alter Preis:	24,00 EUR
Nachlass:	– [redacted] EUR
neuer Preis:	[redacted] EUR

1. Reduziert die Preise der Kleidungsstücke aus den Schaufenstern
   a) um 15 %, b) um 20 %, c) um 25 %.
2. Berechnet die neuen Preise.

Um 50 % reduzieren ist ganz einfach.

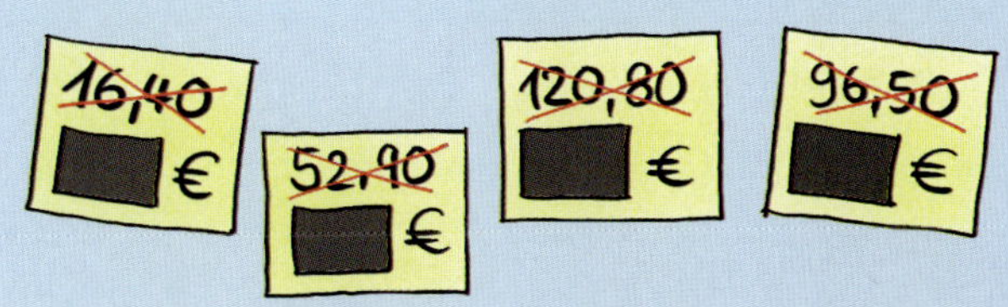

Welches Stück ist größer? 1/7 von einer Pizza oder 1/8?

Du machst bei einem Wettlauf mit und überholst kurz vor dem Ziel den Zweiten. Der Wievielte bist du dann?

Sarah liest ein Buch. Sie hat schon 50 % des Buches und 3 Seiten gelesen. 20 Seiten muss sie noch lesen. Wie viele Seiten hat das Buch?

50 % gefüllt 40 % gefüllt

In welchem Topf ist mehr Wasser?

Auf einem Tisch steht ein Turm aus Holzwürfeln. Tim stellt fest, dass am Turm 33 Würfelflächen zu sehen sind. Aus wie vielen Würfeln besteht der Turm?

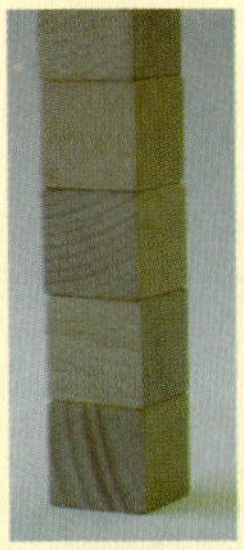

Wie viele Würfelflächen sind bei einem Turm zu sehen, der nur 50 % der Höhe des ersten Turmes erreicht?

Max hat 5 EUR. Sein Bruder Felix sagt zu ihm: „Wenn du mir 10 % deines Geldes gibst, dann haben wir gleich viel." Wie viel Geld hat Felix?

Kosta sagt: „Ich kann hundertprozentig ein Heft vollschreiben, ohne dass ich den Bleistift spitzen muss." Wie macht Kosta das?

Auf einem Bahnhof fahren zwei Züge zur gleichen Zeit in entgegengesetzte Richtungen ab. Der eine Zug fährt in einer Stunde 80 km, der andere 70 km. Wie weit sind sie nach 90 Minuten voneinander entfernt?

Wie oft musst du die Ziffer 1 schreiben, wenn du alle Zahlen bis 100 aufschreibst?

1. Versuche möglichst viele Denk*male* zu lösen. Schreibe deine Ergebnisse ins Heft.
2. Wie viele Denk*male* hast du richtig gelöst? Wie viel Prozent sind das?

10 Betriebspraktikum

Das Betriebspraktikum planen

Die Schüler der Pestalozzi-Schule machen ihr erstes Praktikum in der 8. Klasse. Am Anfang des Schuljahres überlegt die Klasse 8a gemeinsam, was sie alles vor dem Praktikum erledigen muss.

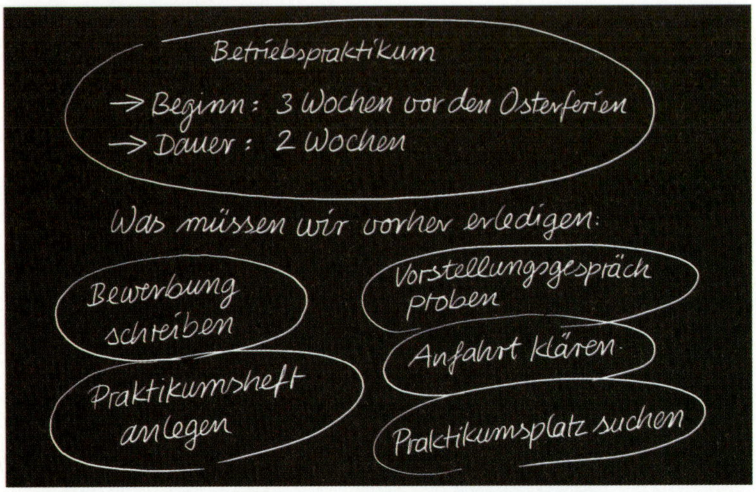

1. Besorgt euch einen Kalender und schaut nach, wann in diesem Jahr an der Pestalozzi-Schule das Praktikum der Achtklässler stattfinden wird.
2. Findet heraus, wann an eurer Schule Betriebspraktika stattfinden.
3. Überlegt, was ihr vor einem Betriebspraktikum erledigen müsst. Erstellt eine Liste. Vervollständigt hierzu die Ideensammlung auf der Tafel.
4. Wie viel Zeit braucht ihr für die einzelnen Aufgaben? Bis wann müsst ihr was erledigt haben? Übertragt die Tabelle in euer Heft und vervollständigt sie. Schaut in euren Kalender und setzt euch sinnvolle Fristen – beachtet Feiertage und Ferien.

Aufgabe	**Beginn**	**Ende**
sich über Berufe informieren	Anfang Okt.	Anfang Nov.
Adressen von möglichen Arbeitsplätzen organisieren	Anfang Nov.	Mitte Dez.
Bewerbung schreiben und korrigieren lassen	...	...

5. Markiert in eurem Kalender, wann ihr was machen müsst.

Eine Umfrage zum Betriebspraktikum

Die Klasse 8a befragt die Schülerinnen und Schüler der 9. Klassen zu ihrem Praktikum. Sie erstellen folgendes Plakat:

Praktikum 20xx

→ 25 Schüler und Schülerinnen haben ein Praktikum absolviert.

In welchem Arbeitsfeld habt ihr euer Praktikum absolviert?

Wie hat euch euer Praktikum gefallen?

1. Findet heraus, was die Begriffe *Verkauf, Dienstleistung*, usw. bedeuten. Findet Praktikumsplätze in eurer Region und ordnet sie den richtigen Bereichen zu.
2. Wie viele Schüler haben in den einzelnen Arbeitsfeldern ihr Praktikum gemacht? Wie haben die Schüler ihr Praktikum bewertet? Lest die Prozentzahlen aus dem Diagramm ab und berechnet die Schülerzahlen. Rechnet mit dem Taschenrechner.
3. Was findet ihr an der Umfrage und dem Plakat gut, was könnte man besser machen?
4. Überlegt euch Fragen, die ihr der 9. Klasse eurer Schule stellen könnt.
5. Erstellt einen Fragebogen und führt die Befragung durch.
6. Stellt die Ergebnisse mithilfe sinnvoller Diagramme dar.

Praktikum beim Gemüsebauern

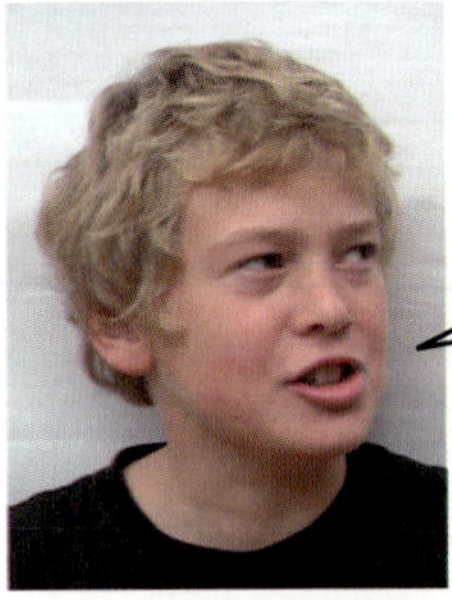

Ich mache mein Praktikum bei Gemüsebauer Müller.
Das habe ich gestern alles gemacht:

Ich durfte heute mit Herrn Müller Tomaten pflanzen. Die Blätter der Tomatenpflanzen dürfen nicht nass werden. Deshalb werden Tomaten ins Gewächshaus gepflanzt. Herr Müller hat für jede Pflanze nur 2 Minuten gebraucht. Ich habe leider dreimal so lange für eine Pflanze gebraucht. Zusammen haben wir 120 Pflanzen in lange Reihen gepflanzt. Von einer Pflanze bis zur nächsten müssen 50 cm Platz sein, sodass die Pflanzen auch gut wachsen können. Zwischen den Reihen muss so viel Platz sein, dass man die Tomaten im Sommer gut ernten kann ...

Herr Müller	
Pflanzen	**Zeit**
1	2 Min.
2	4 Min.
3	6 Min.
4	
5	
6	
7	
8	
9	
10	

1. Übertragt die Tabelle in euer Heft und füllt sie vollständig aus.
2. Fertigt auch für Tim eine Tabelle an.
3. Wie lange hätten Herr Müller und Tim gemeinsam für 12 Pflanzen gebraucht?
4. Wie lange brauchen sie für 120 Pflanzen?
5. Berechnet, wie lang die Tomatenreihe geworden wäre, wenn Herr Müller und Tim die Tomaten in eine lange Reihe gepflanzt hätten.

Praktikum beim Gemüsebauern

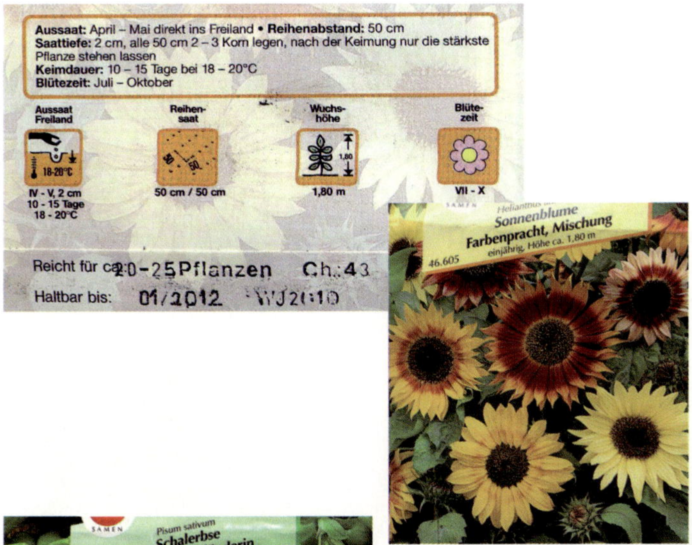

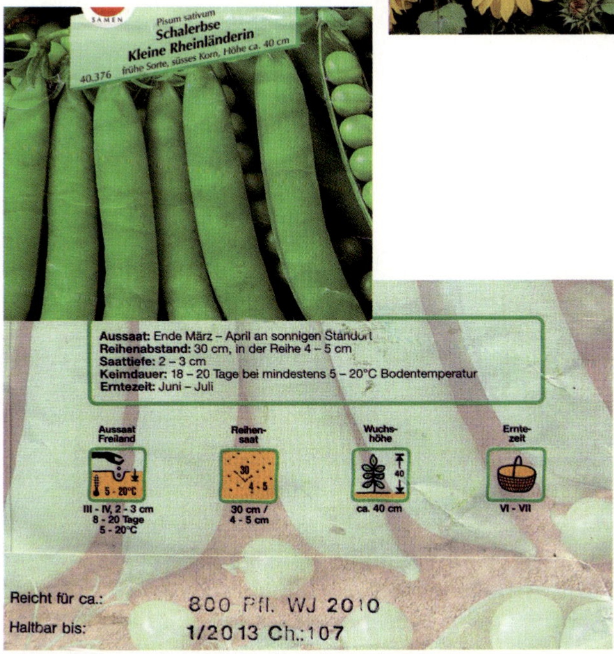

Tim darf sein eigenes kleines Beet planen. Das Beet ist 3 m lang und 4 m breit. Als erstes schaut sich Tim die Packungen mit dem Saatgut an.

1. Welche Informationen sind für Tim wichtig?
2. Macht einen Planungsvorschlag für Tim und fertigt eine maßstabsgerechte Skizze an.

Praktikum beim Maler

Sarah macht ihr Praktikum bei einem Malerbetrieb. Die Firma hat gerade einen neuen Auftrag bekommen: In einer Wohnung muss tapeziert und gestrichen werden.

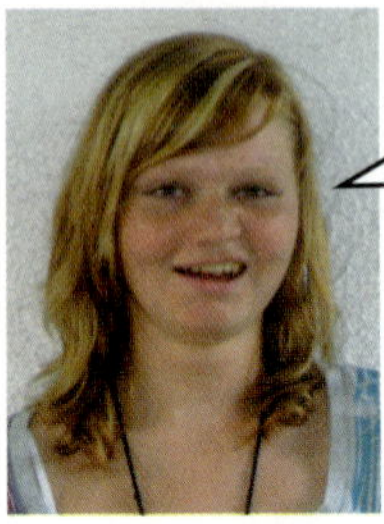

Das Wohnzimmer soll neu tapeziert werden. Ich soll mir überlegen, wie der Kleister angerührt wird.

Verwendungszweck	Ansatz	Ergiebigkeit
Leichte Papiertapete	1 : 70	50 m^2
Normale Papiertapete	1 : 60	40 m^2
Schwere Papiertapete	1 : 50	30 m^2

Eine Packung Kleister wiegt 125 g, aber wie viel wiegt 1 l Wasser?

1 : 70 bedeutet, dass 70 mal mehr Wasser als Kleister verwendet werden muss.

1. Warum wird der Kleister in unterschiedlichen Mischverhältnissen angesetzt?
2. Wie viele Liter Wasser braucht man für eine Packung Kleister, wenn man
   a) leichte Papiertapeten kleistern will?
   b) normale Papiertapeten kleistern will?
   c) schwere Papiertapeten kleistern will?
3. Berechnet, wie viele Packungen Kleister für das Wohnzimmer benötigt werden, wenn eine normale Papiertapete verwendet wird.
4. Warum reicht es, wenn man dies nur ungefähr berechnet?

Praktikum beim Maler

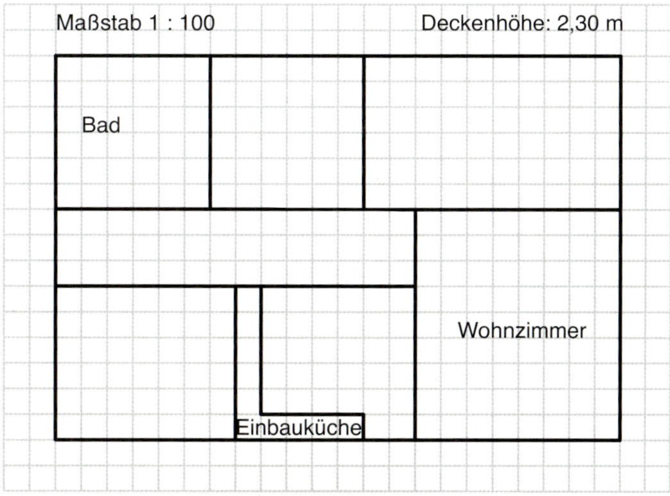

Einige Wände brauchen wir nicht zu streichen: Im Bad sind Fliesen und in der Küche gibt es auch eine Einbauküche.

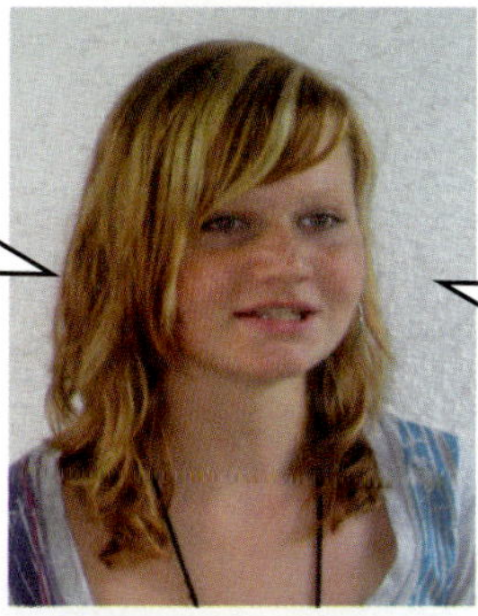

Warum muss ich Fenster und Türen bei meiner Berechnung nicht beachten?

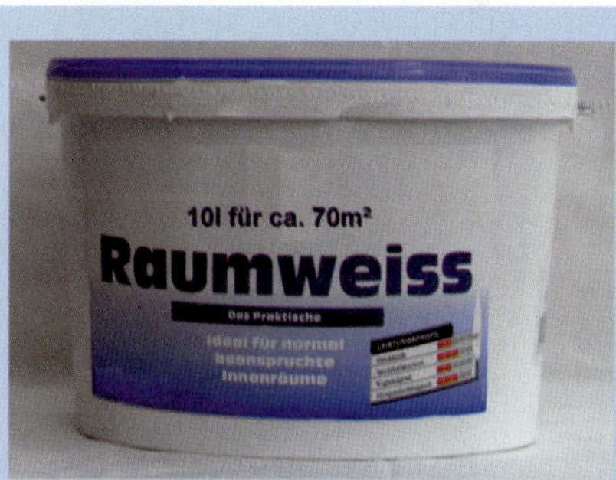

1. Schätzt, wie viele Eimer Farbe für die gesamte Wohnung benötigt werden.
2. Berechnet, wie viele m² Wand ungefähr gestrichen werden müssen. Wie viele Eimer Farbe würdet ihr mitnehmen?
3. Der Kunde teilt der Firma mit, dass auch die Decken der Wohnung gestrichen werden müssen. Wie viele Eimer Farbe müssen zusätzlich gekauft werden?
4. Wie viele Eimer Farbe würdet ihr für euer Klassenzimmer benötigen?
5. Wie viele Eimer Farbe braucht ihr, wenn ihr euer eigenes Zimmer neu streichen möchtet? Wie viel für euer Wohnzimmer?

Praktikum im Seniorenheim

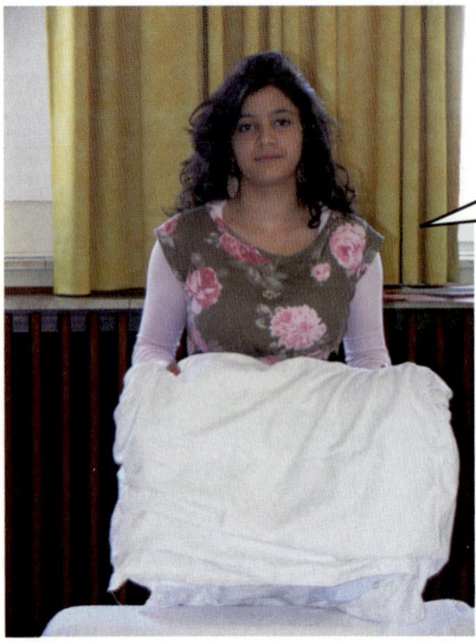

Ich mache mein Praktikum in einem Seniorenheim. Hier unterstütze ich 44 ältere Menschen. Ich habe sehr viele verschiedene Aufgaben. Mir wird also nie langweilig.

Meine Aufgaben:

- ➢ Frühstücksbüfett herrichten
- ➢ „Guten-Morgen-Gruß" in die Zimmer
- ➢ Betten neu beziehen
- ➢ in der Näherei helfen
- ➢ Mittagstisch decken
- ➢ Geburtstagskaffees planen
- ➢ Bewohner zum Spiele-Nachmittag begleiten

1. Was könnte eine Hauswirtschaftshelferin außer diesen Aufgaben in einem Seniorenheim tun? Informiert euch über den Beruf im Internet.
2. Dilan soll die Betten der Bewohner neu beziehen. Heute hat sie sich vorgenommen, ein Viertel aller Betten neu zu beziehen.
   a) Dilan richtet einen Servierwagen in der Wäschekammer her. Wie viele Stücke Bettwäsche muss sie für heute zusammensuchen?
   b) Wiege einen Satz Bettwäsche. Mit wie viel kg Bettwäsche belädt Dilan ihren Wäschewagen?
   c) Dilan braucht 15 Minuten um ein Bett neu zu beziehen. Wie lange braucht sie, um ein Viertel aller Betten zu beziehen? Beachtet dabei, dass Dilan auch von einem Zimmer zum anderen gehen muss und sich sicher auch mit den Bewohnern unterhält.
3. Wie lange braucht ihr, um ein Bett neu zu beziehen? Schätzt zuerst und stoppt dann die Zeit. Wie lange würdet ihr für ein Viertel aller Betten im Seniorenheim benötigen?

Praktikum im Seniorenheim

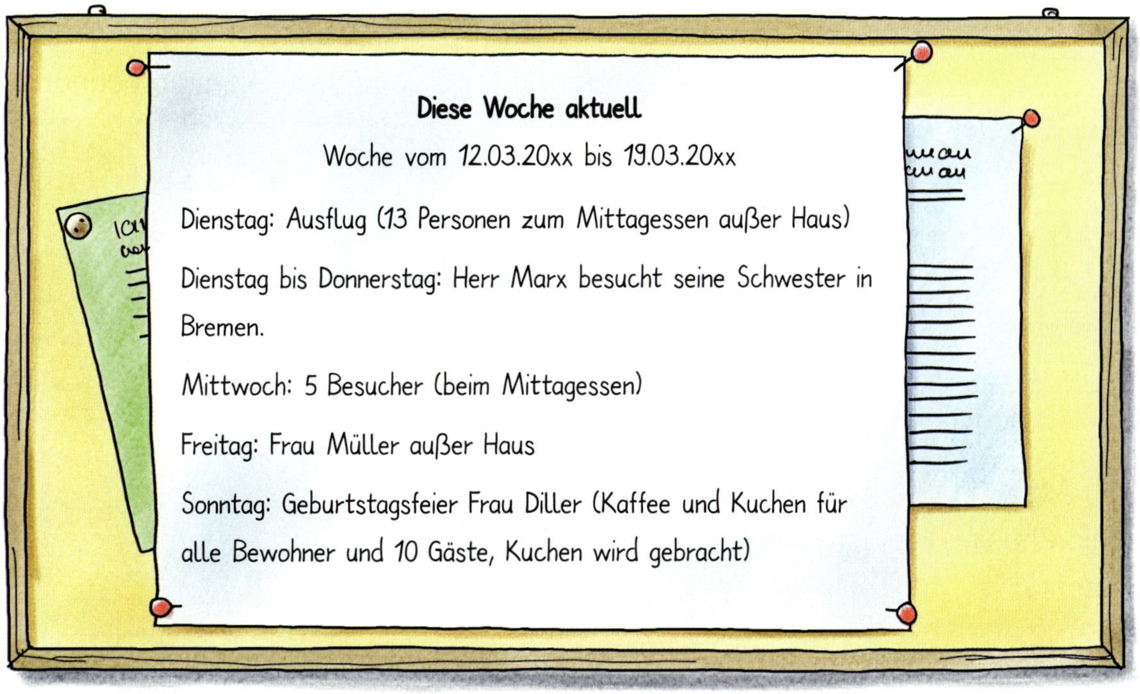

1. Erstellt einen Plan, wann wie viele Bewohner zu den verschiedenen Mahlzeiten (Frühstück, Mittagessen, Kaffee und Abendessen) anwesend sind.
2. Wie viel Besteck wird pro Person an einem Tag für alle Mahlzeiten benötigt?
3. Wie viel Besteck wird insgesamt an den einzelnen Wochentagen benötigt?
4. Wie viel Besteck wird ungefähr im Durchschnitt an einem Tag verbraucht? Wie viel in der Woche/im Monat/im Jahr?
5. Schätzt, wie lang ihr für das Eindecken eines Mittagstisches brauchen würdet. Überprüft eure Vermutung.
6. Wie viel Zeit verbringt Dilan während des Praktikums mit Tischdecken, wenn sie doppelt so schnell wie du das Geschirr verteilt?

Verdienste

Arbeitgeber Seniorenresidenz Waldluft				
Herr Franz Schneider Kappellengasse 7 68219 Mannheim		Seuerklasse 2	Kind.-Freibetr. 2.0	Konfession -
		Krankenkasse Gesundheitskasse		Prozentsatz 14,90%
Monatslohn Hauswirtschaftshelfer Überstunden				1550,00 125,00
				Gesamtbrutto 1675,00
Steuer				
Steuerbrutto 1675,00	Lohnsteuer 120,25	Solidaritätszuschlag 0,00	Kirchensteuer 0,00	Abzüge Steuer
Sozialversicherung				
Rentenvers. 166,66	Arbeitslosenvers. 23,45	Pflegevers. 16,33	Krankenvers. 132,32	

Herr Schneider arbeitet als Hauswirtschaftshelfer im Seniorenheim. Sarah darf seine Lohnabrechnung anschauen.

Frau Amini arbeitet ebenfalls im Seniorenheim. Hier ist ihre Lohnabrechnung.

Arbeitgeber Seniorenresidenz Waldluft				
Frau Amanda Amini Südstr. 76 68219 Mannheim		Seuerklasse 1	Kind.-Freibetr. 0.0	Konfession rk
		Krankenkasse Gesundheitskasse		Prozentsatz 14,90%
Monatslohn Hauswirtschaftsmeisterin Überstunden				2750,00 345,00
				Gesamtbrutto 3095,00
Steuer				
Steuerbrutto 3098,00	Lohnsteuer 507,50	Solidaritätszuschlag 27,91	Kirchensteuer 40,60	Abzüge Steuer 576,01
Sozialversicherung				
Rentenvers. 308,25	Arbeitslosenvers. 43,37	Pflegevers. 37,95	Krankenvers. 244,74	Abzüge SV 634,31
				Auszahlung 1887,68

Als **Bruttolohn** bezeichnet man das Geld, das der Arbeitgeber abgibt. Von dem Bruttolohn werden dann direkt Steuern und andere Abgaben abgezogen. Den Rest bekommt der Angestellte ausgezahlt. Diesen Betrag nennt man dann **Nettolohn**.

1. Informiert euch, was die Begriffe auf der Lohnabrechnung bedeuten. Was wird alles vom Bruttolohn abgezogen?
2. Wie viel Euro bekommen Herr Schneider und Frau Amini monatlich ausgezahlt (Nettolohn)? Wie viel Euro verdienen sie im Jahr?
3. Warum hat Frau Amini ein höheres Bruttogehalt? Sammelt Ideen.
4. Berechnet, wie viel Euro Frau Amini im Monat/im Jahr mehr verdient.
5. Wie viel Prozent des Bruttolohns bekommt Herr Schneider ausgezahlt, wie viel Frau Amini? Nehmt den Taschenrechner zur Hilfe.
6. Überlegt, warum Herr Schneider weniger Abzüge hat als Frau Amini.

Verdienste

Während der Pause unterhalten sich Herr Schneider und Frau Amini. Sie stellen folgende Überlegungen an:

1. Beantwortet die Fragen. Nehmt den Taschenrechner zur Hilfe.
2. Überlegt euch selbst Fragen zu den Lohnabrechnungen und stellt sie euch gegenseitig.
3. Fragt eure Eltern oder Bekannte nach ihrer Lohnabrechnung. Wie viel Prozent werden von ihrem Bruttolohn abgezogen?